W0227190

Praxistipps IT

Jahresabschluss-prüfung bei Outsourcing und Cloud-Computing

Jonas Tritschler / Martin Lamm

IDW VERLAG GMBH

1. Auflage

© 2018 IDW Verlag GmbH, Tersteegenstraße 14, 40474 Düsseldorf
Die IDW Verlag GmbH ist ein Unternehmen des Instituts der Wirtschaftsprüfer in Deutschland e. V. (IDW).

Lektorat: Olga Seewald
Druck und Bindung: C.H.Beck, Nördlingen
KN 11779/0/0

ISBN 978-3-8021-2141-8

Bibliografische Information der Deutschen Bibliothek
Die Deutsche Bibliothek verzeichnet diese Publikation in der Deutschen Nationalbibliografie; detaillierte bibliografische Daten sind im Internet über http://www.d-nb.de abrufbar.

Coverfoto: www.istock.com/ValeryBrozhinsky

www.idw-verlag.de

Inhaltsverzeichnis

1 Einleitung

1.1 Im Trend der Digitalisierung

In den letzten fünf Jahren hat sich der prozentuale Anteil der Nutzer von Cloud-Computing-Diensten mehr als verdoppelt. Gemäß einer Gemeinschaftsstudie von KPMG und Bitkom nutzten im Jahr 2016 ca. zwei Drittel aller befragten Unternehmen Cloud-Dienste.[1] Während Cloud-Lösungen anfangs nur von den Big Playern eingesetzt wurden, haben inzwischen auch kleine und mittelgroße Unternehmen (KMU) die Potenziale erkannt und nutzen nahezu im gleichen Maße Cloud- und Outsourcing-Dienstleistungen wie große Unternehmen.

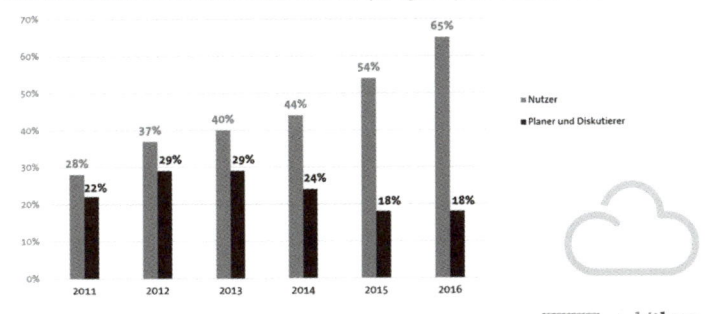

Abb. 1: Nutzung von Cloud-Computing-Diensten in Deutschland (Quelle: bitkom, Cloud-Monitor 2017)

Als Beweggründe für den Weg „in die Wolke" werden sehr häufig der mobile, geografisch verteilte Zugriff auf IT-Ressourcen, die schnellere Skalierbarkeit sowie die organisatorische Flexibilität und die hohe Verfügbarkeit und Performance der IT-Leistungen angegeben. Dennoch sind vor allem Sicherheitsbedenken ein wesentlicher Grund, der viele Unternehmen noch vom Sprung in die Cloud abhält. Einerseits wird unberechtigter Zugriff auf sensible Unternehmensdaten befürchtet, andererseits erschweren rechtliche und regulatorische Bestimmungen die Nutzung der Cloud. Besonders die

---

[1]   Cloud-Monitor 2017, S. 5, https://www.bitkom.org/Presse/Anhaenge-an-PIs/2017/03-Maerz/Bitkom-KPMG-Charts-PK-Cloud-Monitor-14032017.pdf (abgerufen am 15. August 2017)

zuletzt genannten Gründe bewegen weltweit Institutionen und Gesetzgeber dazu, IT-Sicherheits- und Datenschutzvorschriften zu vereinheitlichen und damit Verunsicherungen und Rechtsunsicherheiten zu beseitigen. Die Datenschutzgrundverordnung der EU (EU-DSGVO), die am 25. Mai 2018 Kraft tritt, hilft zumindest wesentliche Datenschutzanforderungen der EU-Mitgliedsstaaten zu harmonisieren.[2]

1.2   Auswirkungen auf die Jahresabschlussprüfung

Der Abschlussprüfer kann und darf diesen Trend nicht ignorieren. Sein Prüfungsobjekt, also die zu prüfenden Unternehmen, verändern sich in der Art, dass durch das Cloud-Computing wesentliche Kernprozesse wie der Einkauf oder der Absatz, aber auch Unterstützungsprozesse wie die Buchhaltung oder die IT mehr und mehr ausgelagert werden. Das wird sich im ersten Schritt nicht unmittelbar auf den Prüfungsansatz und die allgemeine risikoorientierte Vorgehensweise des Abschlussprüfers auswirken.[3] Auch die Beurteilung der Auftragsannahme und das Verständnis über die Geschäftstätigkeit und über das wirtschaftliche und rechtliche Umfeld mögen sich nicht übermäßig ändern, aber spätestens im Rahmen der Beurteilung des internen Kontrollsystems (IKS) bzgl. möglicher Fehlerrisiken muss sich der Abschlussprüfer unweigerlich den Themen Outsourcing und Cloud-Computing stellen.[4] Er hat im Rahmen seiner Prüfungstätigkeiten das rechnungslegungsrelevante IKS lückenlos aufzunehmen und zu beurteilen. Dies wird allerdings erschwert, wenn Prozesse ganz oder teilweise an einen Dienstleister des zu prüfenden Unternehmens ausgelagert wurden.

Der Abschlussprüfer wird sich im Hinblick auf seine Prüfungsplanung damit auseinandersetzen müssen, in welcher Art, in welchem Umfang und in welchem Ausmaß Auslagerungen stattfinden und welche Fehlerrisiken für die Rechnungslegung darin enthalten sind. Um diesen Fehlerrisiken adäquat zu begegnen, gilt es, bedeutsame Kontrollen auf Seiten des Dienstleisters zu identifizieren und anhand geeigneter Prüfungshandlungen zu beurteilen. Aber oftmals scheitern eigene Prüfungen an der räumlichen

[2] Verordnung (EU) 2016/679 des Europäischen Parlaments und des Rats vom 27. April 2016
[3] IDW PS 200: „Ziele und allgemeine Grundsätze der Durchführung von Abschlussprüfungen", Tz. 24ff
[4] IDW PS 220 „Die Beauftragung des Abschlussprüfers"; IDW PS 230 IDW „Kenntnisse über die Geschäftstätigkeit sowie das wirtschaftliche und rechtliche Umfeld des zu prüfenden Unternehmens im Rahmen der Abschlussprüfung"; IDW PS 261 „Feststellung und Beurteilung von Fehlerrisiken und Reaktionen des Abschlussprüfers auf die beurteilten Fehlerrisiken", Tz. 9

Trennung oder der Größe und Komplexität des Dienstleisters. Natürlich könnte der Abschlussprüfer mangels Prüfbarkeit und Nachweisführung eines angemessenen und wirksamen IKS den Anteil seiner aussagebezogenen Prüfungshandlungen erhöhen. Vor dem Hintergrund automatisierter und aufeinander abgestimmter Prozessabläufe ist dies jedoch eine mühsame und beinahe unmögliche Methode, um die erforderliche Prüfungssicherheit zu erlangen. Möglicherweise gibt es aber auch Nachweise über das IKS beim Dienstleistungsunternehmen, die er verwerten oder gar verwenden kann.[5]

Genau an dieser Stelle sind wir am Thema dieses Buches angekommen. Dieses Buch soll dem Abschlussprüfer die aktuellen Formen der Auslagerung aufzeigen, mögliche Risiken des Outsourcings und des Cloud-Computings darstellen und den Prüfungsansatz nach IDW/ISA in diesen Fällen skizzieren. Anhand anschaulicher Beispiele werden Hilfestellungen für den praxisorientierten Umgang mit Auslagerungsfällen aus Prüfersicht entwickelt und die Vorgehensweise des Abschlussprüfers verdeutlicht.

----

[5] Zur Abgrenzung von Verwendung und Verwertung: Beide dienen zur Erzielung von Prüfungsnachweisen. Während die Verwertung der Arbeit eines für den Abschlussprüfer tätigen Sachverständigen Teil des Prüfungsprozesses ist, sind Informationen, die mit Unterstützung eines Sachverständigen der gesetzlichen Vertreter erstellt wurden, ein Bestandteil des Prozesses zur Aufstellung des zu prüfenden Abschlusses.

2 Auslagerung von Prozessen und Funktionen

2.1 Outsourcing und Cloud-Computing

2.1.1 Rechnungslegungsrelevanz der Auslagerung

Für die Jahresabschlussprüfung ist die Auslagerung von Prozessen und Funktionen dann relevant, wenn sie die Rechnungslegung betreffen, wenn sie also dazu dienen, Daten über Geschäftsvorfälle, Ereignisse oder betriebliche Aktivitäten zu speichern oder zu verarbeiten, die entweder direkt in die Rechnungslegung einfließen (z. B. als sonstige Angaben in der Rechnungslegung) oder dem Rechnungslegungssystem als Grundlage für Buchungen zur Verfügung gestellt werden. Dies hat zur Folge, dass ausgelagerte Prozesse und Funktionen, die zur Speicherung bzw. Verarbeitung rechnungslegungsrelevanter Daten dienen, Teil des IT-Systems und des IT-gestützten Rechnungslegungssystems eines Unternehmens werden.[6]

Beispiele für ausgelagerte rechnungslegungsrelevante Prozesse und Funktionen sind[7]

- IT-gestützte bzw. manuelle rechnungslegungsrelevante Geschäftsprozesse,
- die Auslagerung von IT-Ressourcen,
- die Verarbeitung von rechnungslegungsrelevanten Geschäftsvorfällen,
- die Bereitstellung rechnungslegungsrelevanter Unterlagen in elektronischer oder anderer Form für den Abschluss des auslagernden Unternehmens (bspw. als Buchungsdaten oder Buchungsbelege) sowie die Bereitstellung ergänzender Informationen (bspw. für die Lageberichterstattung),
- die Erfassung und Verarbeitung von für den Abschluss relevanten Ereignissen, die keine Geschäftsvorfälle sind (bspw. Bestellung von Sicherheiten für fremde Verbindlichkeiten),
- der Abschluss- und Lageberichterstellungsprozess des auslagernden Unternehmens einschließlich der Verfahren zur Ermittlung geschätzter Werte bzw. Angaben im Anhang und/oder im Lagebericht,
- Kontrolltätigkeiten im Zusammenhang mit der Aufzeichnung von Geschäftsvorfällen einschließlich nicht wiederkehrender bzw. un-

---

[6]   IDW RS FAIT 5, Tz. 5
[7]   IDW RS FAIT 5, Tz. 5

gewöhnlicher Geschäftsvorfälle oder Kontrolltätigkeiten über Anpassungen im Abschlusserstellungsprozess.

2.1.2   Outsourcing

Werden Teile betrieblicher Prozesse und Funktionen auf ein Dienstleistungsunternehmen verlagert, spricht man von Auslagerung (Outsourcing). Anreiz für Unternehmen, bestimmte Arbeitsbereiche oder gar ganze Unternehmensteile auszulagern, können neben angestrebten Kosteneinsparungen auch Risiko- und Compliance-Überlegungen sein. Das Outsourcing kann sich dabei von der Datenerfassung und -speicherung bis zur vollständigen Verarbeitung von Transaktionen und Ereignissen und damit der Abwicklung komplexer Geschäftsprozesse erstrecken.[8]

Hinweis:
Werden Prozesse oder Funktionen auf ein Unternehmen derselben Unternehmensgruppe ausgelagert, spricht man von unternehmensinternem Outsourcing (die Aufgaben übernimmt dann regelmäßig ein „Shared Service Center"). Bei Auslagerung auf einen Dienstleister, der nicht demselben Unternehmensverbund angehört, wird von unternehmensexternem Outsourcing gesprochen.

Werden standardisierte Geschäftsprozesse vollständig auf Dienstleistungsunternehmen ausgelagert, die sich auf diese Art von standardisierten Geschäftsprozessen spezialisiert haben, handelt es sich um „Business Process Outsourcing" (BPO). Beispielsweise kann die Auslagerung des Kernprozesses[9] „Einkauf" wirtschaftlich sinnvoll sein. Bei Auslagerung des Einkaufsprozesses verhandelt und besorgt der Dienstleister für das auslagernde Unternehmen durch Bündelung des Einkaufsvolumens verschiedener Auftraggeber günstigere Konditionen bei der Beschaffung. Diese günstigeren Konditionen werden zum Teil an das auslagernde Unternehmen zurückgegeben, so dass in Summe eine Win-Win-Situation eintritt. Weitere Beispiele, die aufgrund der Spezialisierung und der damit einhergehenden Effizienz des Dienstleisters Kosten beim Auftraggeber reduzieren können, sind HR-Management, Finanzbuchhaltung, Lohn- und Gehaltsabrechnung und Zahlungsabwicklung.

....

[8]   IDW RS FAIT 5, Tz. 6
[9]   Unternehmensprozesse lassen sich nach ISO 9001 in Kernprozesse (auch als Leistungs-
       oder Schlüsselprozesse bezeichnet), Managementprozesse (auch als Führungsprozesse
       bezeichnet) und Unterstützungsprozesse (auch als Service- und Supportprozesse
       bezeichnet) unterteilen.

Bei einer vollständigen Geschäftsprozessauslagerung verlässt sich das auslagernde Unternehmen regelmäßig nicht nur auf Fähigkeiten und Abläufe des Dienstleisters in Hinblick auf den Geschäftsprozess, sondern auch auf die Softwareapplikationen sowie dessen IT-Infrastruktur.

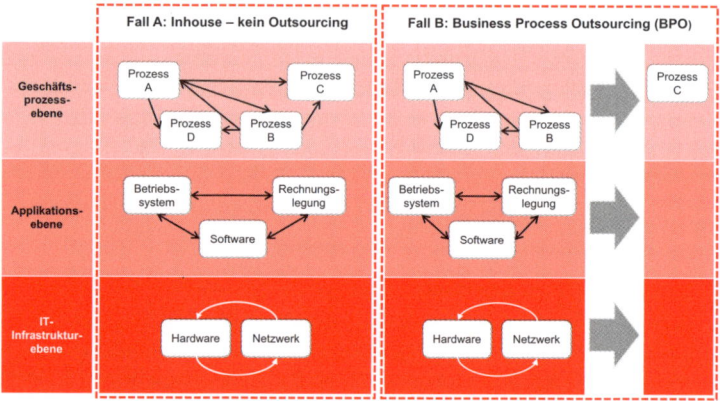

Abb. 2: Vergleichende Darstellung des Inhouse-Falls mit Business Process Outsourcing

2.1.3 IT-Outsourcing

Das Outsourcing muss aber nicht nur Kernprozesse betreffen, sondern kann sich auch auf Unterstützungsleistungen wie den IT-Betrieb, die Applikationsbetreuung oder die Bereitstellung der erforderlichen Soft- und Hardware erstrecken. In diesem Zusammenhang wird von IT-Outsourcing gesprochen.

Die bekannteste Variante des IT-Outsourcing ist wohl der Rechenzentrumsbetrieb. Beim „Hosting" (auch Collocation) werden die eigenen Server des auslagernden Unternehmens beim Dienstleister untergebracht, der die dafür notwendige IT-Infrastruktur bietet. Beim Hosting stellt meist der Dienstleister die Server zur Verfügung und wartet sie auch.

Managed Services gehen noch einen Schritt weiter und beinhalten genau definierte Leistungen, die ein IT-Dienstleister für seinen Auftraggeber erbringt. Das kann u. a. die Überwachung der Verfügbarkeit der eingesetzten Systeme, aber auch das Update- und Patchmanagement oder die System- und Softwareadministration sein. Grundsätzlich werden die Service-Leistungen vor Vertragsabschluss gemeinsam definiert. Auf Basis vereinbarter Service Levels („Service-Level-Agreement", kurz SLA) kann der Auftraggeber die Erfüllung der Services sowie die ausgeführte Qualität messen und bewerten. Typischerweise können Managed Services in folgende Servicekategorien unterteilt werden:

- IT-Security Services: Betrieb von IT-Security-Lösungen (wie z. B. Antiviren-, Antispam-Plattformen und Firewalls), aktives Patchmanagement sowie Überwachung der Verfügbarkeit (IT-Leitstand-Funktion).
- Storage Services: Services rund um das Storage-System, wie Bereitstellung, Konfiguration und Wartung von Storage-Kapazitäten.
- Application Services: Bereitstellung, Konfiguration und Wartung von zentralen Server-Applikationen in Verbindung mit Infrastruktur-Services oder als dedizierter Service.

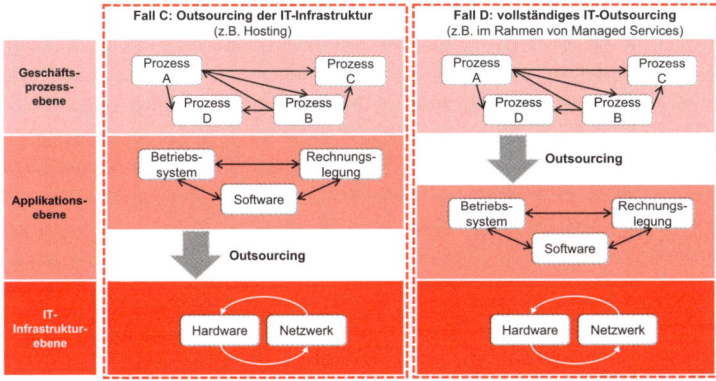

Abb. 3: Teilweises und vollständiges IT-Outsourcing

2.1.4 Cloud-Computing

2.1.4.1 Merkmale des Cloud-Computing

Eine spezielle Form des IT-Outsourcings stellt das Cloud-Computing dar. Dabei handelt es sich um die Bereitstellung von IT-Infrastruktur und IT-Dienstleistungen (Cloud-Services) wie beispielsweise Speicherplatz, Rechenleistung oder Anwendungssoftware über das Internet mit der Besonderheit, dass die Nutzung eines solchen Services nur auf eine kurze Zeitspanne ausgelegt sein kann.

Die Akzeptanz und massenhafte Nutzung des Cloud-Computing wurde erst mit der Entwicklung performanter Breitbandtechnologien und dem

Ausbau des Glasfasernetzes durch die Netzbetreiber weltweit geschaffen („broad network access"). Mittlerweile werden Übertragungsgeschwindigkeiten über das Internet erreicht, die den Leistungsunterschied der Nutzung von Cloud-Services im Vergleich zu IT-Inhouse-Lösungen spürbar gering werden lassen. Darüber hinaus wächst das Angebot von Cloud-Service-Providern (CSP) im gleichen Zuge wie der Neu- und Ausbau moderner Rechenzentren.[10]

Das Cloud-Computing folgt im Vergleich zum traditionellen Outsourcing dem Grundgedanken der „Sharing Economy".[11] Hardware, Software, Netze und technische Sicherheitseinrichtungen werden mit anderen Nutzern in der Rechnerwolke geteilt („resource pooling"); nur die Daten und individuelle Konfiguration der Software unterliegen der eigenen Hoheit. Wirtschaftlich sinnvoll und technisch (einfach) realisierbar wurde das Teilen („Sharing") einer gemeinsamen IT-Infrastruktur erst durch die Möglichkeit der Virtualisierung von physischen Servern und technischen Komponenten. Bei der Virtualisierung handelt es sich um den Prozess der Erstellung einer softwarebasierten (virtuellen) anstatt einer hardwarebasierten (physischen) Komponente.[12] Was früher ein Stück Hardware war, liegt nun als Datei vor. Virtualisieren lassen sich Server, Storage und Netzwerke, aber auch Anwendungen.

Einhergehend mit der Virtualisierung ist der Begriff der Skalierbarkeit. Durch die Virtualisierung von technischen Komponenten lassen sich Ressourcen wie Rechenleistung, Arbeitsspeicher, Speicherplatz, Upload- und Downloadübertragungsrate etc. sehr leicht nach Leistungsaspekten oder kundenindividuell skalieren. Dies ermöglicht den Nutzern von Cloud-Services eine größere Flexibilität als im traditionellen IT-Outsourcing, denn

---

[10] Siehe z. B. Telekom-Medien 2016 vom 28.06.2016: „Die Cloud wächst weiter: Telekom startet Ausbau im Rechenzentrum Biere" https://www.telekom.com/de/medien/details/ die-cloud-waechst-weiter--telekom-startet-ausbau-im-rechenzentrum-biere-352720 oder FAZ vom 27.04.2017 „Datacenter-Betreiber-Telehouse: Auf den Ausbau folgt der Neubau" https://www.telekom.com/de/medien/details/die-cloud-waechst-weiter-telekom-startet-ausbau-im-rechenzentrum-biere-352720

[11] Ökonomisch liegt die Idee des „Sharing Economy" in den sinkenden Grenzkosten der Nutzung ein und derselben IT-Ressource. Werden IT-Ressourcen von vielen Nutzern gemeinsam genutzt, sinken die Grenzkosten für die Bereitstellung der IT-Ressource für jeden weiteren Nutzer gegen Null (vgl. Jeremy Rifkins mit der Idee der Null-Grenzkosten-Gesellschaft in „Das Ende des Kapitalismus"; FAZ-Feuilleton 14.09.2014). http://www.faz. net/aktuell/feuilleton/jeremy-rifkin-die-null-grenzkosten-gesellschaft-13151899.html

[12] Erklärung der Virtualisierung vgl. z. B. https://www.vmware.com/de/solutions/ virtualization.html. In diesem Zusammenhang wird die Aussage des einstigen Netscape-Communications-Gründers, Marc Andreessen, deutlicher als je zuvor („Why software is eating the world", Essay, The Wallstreet Journal, 20.08.2011)

die Ressourcengestellung kann entsprechend dem Ressourcenbedarf jederzeit angepasst werden - soweit die vertragliche Vereinbarung dies natürlich zulässt („rapid elasticity"). Die Ressourcennutzung der angebotenen Cloud-Services kann gemessen und überwacht werden. Die Cloud-Service Provider stellen hierüber typischerweise auf Tages-, Wochen- oder Monatsbasis Berichte zur Verfügung, die eine Abrechnung über die Ressourcennutzung nachvollziehbar machen („measured services").

Die Bereitstellung (sog. Provisionierung) von Cloud-Services erfolgt in aller Regel über definierte technische Schnittstellen und ohne, dass es einer persönlichen Interaktion mit dem Dienstleistungsunternehmen bedarf („on-demand self service").

Zusammenfassend weisen Cloud-Services folgende Merkmale auf:[13]

- On-demand self-service: Selbstzuweisung von Leistungen aus der Cloud durch den Nutzer, die bei Bedarf bereitstehen sollen.
- Broad network access: Leistungen aus der Cloud sind über Standardmechanismen über das Netzwerk erreichbar.
- Resource pooling: Ressourcen wie Rechenleistung, Netzwerk oder Storage werden zwischen unterschiedlichen Projekten und Kunden geteilt.
- Rapid elasticity: Virtuelle Ressourcen können schnell und aus Nutzersicht nahezu unbegrenzt skaliert und auch automatisiert auf Laständerungen angepasst werden.
- Measured service: Ressourcennutzung kann gemessen und überwacht werden (z. B. die genutzte Bandbreite in GBit/Sekunde, angefallener Datenverkehr in GByte, oder CPU-, Arbeitsspeicher- und Storage-Nutzung).

2.1.4.2 Servicemodelle des Cloud-Computings

Es gibt unterschiedliche Arten von Cloud-Computing. Üblich ist die Unterteilung in Servicemodelle, bei der das Cloud-Computing sachlogisch in die drei technischen Schichten Infrastruktur, Plattform und Anwendung unterteilt und wie folgt unterschieden wird:

- Infrastructure as a Service (IaaS)
- Platform as a Service (PaaS)
- Software as a Service (SaaS)

_____

[13] NIST - Das National Institute of Standards and Technology, Special Publication 800-145, September 2011. Das NIST ist eine Bundesbehörde der Vereinigten Staaten und gehört zum Handelsministerium (U.S. Department of Commerce).

Als „Infrastructure as a Service (IaaS)" wird eine Dienstleistung bezeichnet, die dem auslagernden Unternehmen bei Bedarf eine IT-Infrastruktur bereitstellt, bspw. Rechenleistung, Datenspeicher oder Netze. Das auslagernde Unternehmen kauft diese virtualisierten und in hohem Maß standardisierten Services und baut darauf eigene Services auf. So können Rechenleistung, Arbeitsspeicher und Datenspeicher angemietet werden, um darauf Betriebssysteme und Anwendungen nach freier Wahl zu installieren und zu nutzen.[14]

„Platform as a Service (PaaS)" bezeichnet eine Dienstleistung, bei der dem auslagernden Unternehmen eine Umgebung zum Betrieb von selbstentwickelten Softwarelösungen bereitgestellt wird. Diese können mithilfe der in der Plattform bereitgestellten Softwareentwicklungswerkzeuge entweder durch das auslagernde Unternehmen oder durch das Dienstleistungsunternehmen entwickelt und bereitgestellt werden. Beispielsweise kann das auslagernde Unternehmen eigene Anwendungen wie eine Reisekostenabrechnung, eine Fakturierungsanwendung oder eine Rechnungsprüfung entwickeln, testen und betreiben. Das auslagernde Unternehmen hat keinen Zugriff auf die darunterliegenden Schichten (Betriebssystem, Hardware).[15]

Als „Software as a Service (SaaS)" wird eine Dienstleistung bezeichnet, bei der das auslagernde Unternehmen eine IT-Anwendung aus der Cloud nutzt, bspw. eine Anlagenbuchführung oder eine Software zur Verwaltung der Kundenbeziehungen (Customer Relationship Management, CRM). Das auslagernde Unternehmen hat dabei i. d. R. keinen Einfluss auf die der genutzten IT-Anwendung zugrunde liegende IT-Infrastruktur,

[14] Vgl. NIST - Das National Institute of Standards and Technology, Special Publication 800-145, U.S. Department of Commerce, September 2011, Download am 15.08.2017 http://nvlpubs.nist.gov/nistpubs/Legacy/SP/nistspecialpublication800-145.pdf und Bundesamt für Sicherheit in der Informationstechnik (BSI) zu Cloud-Computing Grundlagen https://www.bsi.bund.de/DE/Themen/DigitaleGesellschaft/CloudComputing/Grundlagen/Grundlagen_node.html sowie IDW RS FAIT 5

[15] Vgl. NIST - Das National Institute of Standards and Technology, Special Publication 800-145, U.S. Department of Commerce, September 2011, Download am 15.08.2017 http://nvlpubs.nist.gov/nistpubs/Legacy/SP/nistspecialpublication800-145.pdf und Bundesamt für Sicherheit in der Informationstechnik (BSI) zu Cloud-Computing Grundlagen https://www.bsi.bund.de/DE/Themen/DigitaleGesellschaft/CloudComputing/Grundlagen/Grundlagen_node.html sowie IDW RS FAIT 5

mit Ausnahme ggf. vorzunehmender anwenderspezifischer Parameter-einstellungen in der IT-Anwendung.[16]

Neben den oben vorgestellten Servicemodellen lassen sich folgende Be-reitstellungsmodelle von Cloud-Computing unterscheiden:[17]

- Public Cloud: Von einer Public Cloud wird gesprochen, wenn die Services der Cloud von der Allgemeinheit oder einer großen Gruppe (z. B. einer Industriebranche) genutzt werden können und die Ser-vices von einem Anbieter zur Verfügung gestellt werden.
- Private Cloud: Werden die Cloud-Services ausschließlich für ein Unternehmen bereitgestellt werden, wird dies als Private Cloud be-zeichnet.
- Community Cloud: Wird die Infrastruktur von mehreren Instituti-onen geteilt, die ähnliche Interessen haben, spricht man von einer Community Cloud. Eine solche Cloud kann von einer dieser Institu-tionen oder einem Dritten betrieben werden.
- Hybrid Cloud: Werden mehrere Cloud-Infrastrukturen, die für sich selbst eigenständig sind, über standardisierte Schnittstellen verbun-den und gemeinsam genutzt, um Daten und IT-Anwendungen auszu-tauschen, wird dies Hybrid Cloud genannt.

Im nachfolgenden Schaubild ist schematisch dargestellt, worin die Ge-meinsamkeiten und Unterschiede zwischen IT-Systemen bei klassischem Outsourcing und Cloud-Computing bestehen und welche IT-System-Ebe-nen die einzelnen Servicemodelle des Cloud-Computing regelmäßig um-fassen:

---

[16] Vgl. NIST - Das National Institute of Standards and Technology, Special Publication 800-145, U.S. Department of Commerce, September 2011, Download am 15.08.2017 http://nvlpubs.nist.gov/nistpubs/Legacy/SP/nistspecialpublication800-145.pdf und Bundesamt für Sicherheit in der Informationstechnik (BSI) zu Cloud-Computing Grundlagen https://www.bsi.bund.de/DE/Themen/DigitaleGesellschaft/CloudComputing/Grundlagen/Grundlagen_node.html sowie IDW RS FAIT 5, Tz. 9

[17] Vgl. Bundesamt für Sicherheit in der Informationstechnik (BSI) zu Cloud-Computing Grundlagen; https://www.bsi.bund.de/DE/Themen/DigitaleGesellschaft/CloudComputing/Grundlagen/Grundlagen_node.html (abgerufen am 29.01.2018) sowie IDW RS FAIT 5, Tz. 12

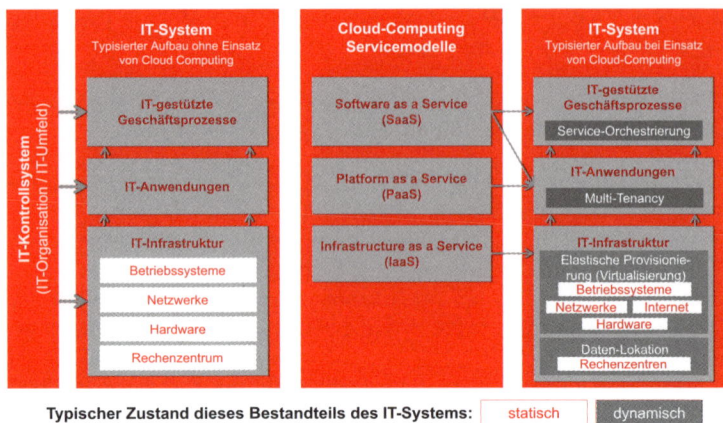

Typischer Zustand dieses Bestandteils des IT-Systems: statisch   dynamisch

Abb. 4: Aufbau von IT-Systemen im Zusammenspiel mit Cloud-Service-Modellen (Quelle: IDW RS FAIT 5, Tz. 13)

2.2   Risiken der Auslagerung von Prozessen und Funktionen

Die Auslagerung von Prozessen und Funktionen birgt für Unternehmen nicht nur erhebliche Kostensenkungspotenziale, sondern ist ebenfalls mit bedeutenden Herausforderungen und Risiken verbunden. Durch die Auslagerung in die Cloud verlieren die Kunden den direkten Einfluss auf den Schutz der ausgelagerten Daten und die betriebenen Systeme sowie auf den ordnungsmäßigen Betrieb einer IT-Infrastruktur und die ordnungsmäßige Verarbeitung rechnungslegungsrelevanter Sachverhalte.

Hinweis:
Das auslagernde Unternehmen muss sich an dieser Stelle im Klaren darüber sein, dass es die Verantwortung für die Einhaltung der Ordnungsmäßigkeits- und Sicherheitsanforderungen nicht an das Dienstleistungsunternehmen abgeben kann. Für den Abschlussprüfer darf es gleichermaßen bei der Betrachtung von Ordnungsmäßigkeits- und Sicherheitsanforderungen an die Buchführung keinen Unterschied machen, ob Prozesse und Funktionen im Unternehmen stattfinden oder ausgelagert sind. Beide Sphären sind einem „großen" internen Kontrollsystem zuzurechnen.

Im Fall des Einflussverlustes des Auftraggebers auf ausgelagerte Prozesse und Funktionen können grundsätzlich folgende Risikokategorien diskutiert werden:

- Sicherheits- und Ordnungsmäßigkeitsrisiken
- Fehlerrisiken in der Rechnungslegung bei ausgelagerten Prozessen
- Steuerliche Risiken bzgl. ausgelagerter Daten und Zugriff der Finanzbehörde
- Datenschutzrechtliche Risiken
- Vertragliche Risiken (Erfüllungsrisiken und Abhängigkeit vom Provider)

Die genannten Risiken können sich je nach Art und Ausgestaltung auf alle Bereiche auswirken, die von der ausgelagerten Dienstleistung betroffen sind.

Exemplarisch können folgende Bereiche unterschieden werden:[18]

- Organisation und Aufgabenteilung
- Eingesetzte Software des Dienstleisters
- Schnittstellen und genutzter Übertragungsweg
- Datenspeicherung und Speicherort
- Change Management

Die folgende Tabelle nennt exemplarisch Sicherheits-, Ordnungsmäßigkeits- und rechtliche Risiken für die jeweils betroffenen Bereiche.

Bereiche	Situation	Sicherheits-risiko	Ordnungs-mäßigkeit	Rechtliche Risiken
Organisation und Aufgaben-teilung	Unvollständige und/oder intransparente Aufteilung von Aufgaben, Rollen und Verantwortlichkeiten. Zu umfassende Vergabe von Zugriffsrechten. Bei Public Cloud Computing: mangelnder Schutz der eigenen Daten.	Autorisierung und Verbindlichkeit, Integrität und Verfügbarkeit	Vollständigkeit, Nachvollziehbarkeit, Zeitgerechtheit, Ordnung, Richtigkeit.	Rechnungslegung §§ 238 ff. HGB und steuerliche Vorschriften §§ 145 ff. AO; GoBD; Schutz personenbezogener Daten (BDSG).
Schnittstellen und Übertragungs-wege	Unverschlüsselter Zugriff auf Daten über öffentliche Netze.	Vertraulichkeit, Integrität und Authentizität.	Vollständigkeit und Richtigkeit rechnungslegungs-relevanter Daten.	Rechnungslegung §§ 238 ff. HGB und steuerliche Vorschriften §§ 145 ff. AO; GoBD; Schutz personenbezogener Daten (BDSG).
Datenspeicher-ung und Speicherort	Verlust der Kontrolle über Speicherort.	Integrität und Vertraulichkeit.	Vollständigkeit, Richtigkeit, Dokumentation, Unveränder-lichkeit, Aufbewahrung.	Rechnungslegung §§ 238 ff. HGB und steuerliche Vorschriften §§ 145 ff. AO; GoBD; Aufbewahrung und Archivierung § 257 HGB; Ort der Buchführung §§ 146 ff. AO; Schutz personenbezogener Daten (BDSG).
Change Management	Unkontrollierte Veränderungen der Infrastruktur (Hard- und Software) beim Dienstleister.	Integrität.	Beleg-, Journal- und Kontenfunktion.	Rechnungslegung §§ 238 ff. HGB und steuerliche Vorschriften §§ 145 ff. AO; GoBD.

Tab. 2.1 Sicherheits-, Ordnungsmäßigkeits- und rechtliche Risiken in Anlehnung an IDW RS FAIT 5

2.2.1　IT-Sicherheit

2.2.1.1　Anforderung an die IT-Sicherheit

Werden insbesondere beim IT-Outsourcing Aufgaben, Rollen und Verantwortlichkeiten zwischen auslagerndem Unternehmen und Dienstleis-

....

[18]　Vgl. IDW RS FAIT 5, Tz. 22

tungsunternehmen nicht vollständig und eindeutig zugewiesen, besteht das Risiko, dass dadurch die Sicherheitsanforderungen als eine Voraussetzung der Grundsätze ordnungsmäßiger Buchführung durch das auslagernde Unternehmen nicht eingehalten werden.

Die drei Grundwerte der IT- bzw. Informationssicherheit sind Vertraulichkeit, Verfügbarkeit und Integrität von Daten und Systemen.[19] In Bezug auf rechnungslegungsrelevante IT-Systeme werden sie in der Stellungnahme zur Rechnungslegung „IDW RS FAIT 1"[20] um drei weitere Anforderungen ergänzt, nämlich Autorisierung, Authentizität und Verbindlichkeit.

Die folgende Abbildung veranschaulicht und erklärt die sechs Kriterien der IT-Sicherheit:

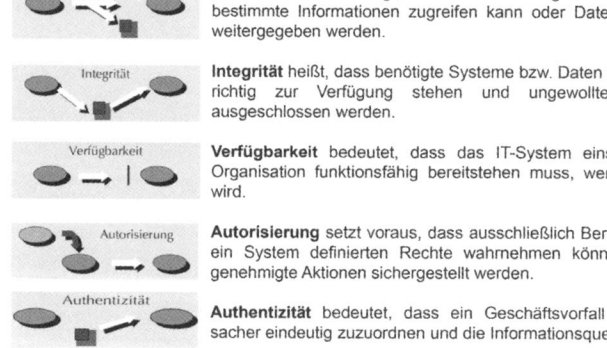

Vertraulichkeit verlangt, dass kein Unbefugter auf nicht für ihn bestimmte Informationen zugreifen kann oder Daten unberechtigt weitergegeben werden.

Integrität heißt, dass benötigte Systeme bzw. Daten vollständig und richtig zur Verfügung stehen und ungewollte Änderungen ausgeschlossen werden.

Verfügbarkeit bedeutet, dass das IT-System einschließlich der Organisation funktionsfähig bereitstehen muss, wenn es benötigt wird.

Autorisierung setzt voraus, dass ausschließlich Berechtigte die für ein System definierten Rechte wahrnehmen können, damit nur genehmigte Aktionen sichergestellt werden.

Authentizität bedeutet, dass ein Geschäftsvorfall einem Verursacher eindeutig zuzuordnen und die Informationsquelle deutlich ist.

Verbindlichkeit ist gegeben, wenn eine Transaktion durch deren Veranlasser nicht abstreitbar ist, sodass gewollte Rechtsfolgen bindend herbeigeführt werden können.

Abb. 5: Anforderungen an die Ordnungsmäßigkeit: die sechs Sicherheitskriterien nach IDW RS FAIT 1[21]

2.2.1.2 Risiken für die IT-Sicherheit

Bei Vorliegen einer Auslagerung stellen die damit in Zusammenhang stehenden Veränderungen eine zusätzliche Gefährdung der Sicherheitskri-

---

[19] Vgl. BSI – Leitfaden Informationssicherheit, Grundschutz kompakt, 17.02.2012; https://www.bsi.bund.de/SharedDocs/Downloads/DE/BSI/Grundschutz/Leitfaden/GS-Leitfaden_pdf.pdf;
[20] Vgl. IDW RS FAIT 1
[21] Vgl. Heese, Klaus 2002, S. 9 und IDW RS FAIT 1, Tz. 23

terien für das auslagernde Unternehmen dar. Die Infrastruktur wurde erweitert und muss zusätzlich gesichert werden, die Kommunikation zwischen auslagerndem Unternehmen und Dienstleister muss über gesicherte Netzwerke erfolgen. Daten werden über Schnittstellen übertragen, die aufeinander abgestimmt sein müssen. Ebenso bedeutet eine Auslagerung eine Veränderung beim Usermanagement, bei der Datensicherung und natürlich beim täglichen Betrieb der Systeme. Was ursprünglich beim Unternehmen unter eigener Kontrolle war, ist jetzt aus der Hand gegeben. Es gilt sowohl für das auslagernde Unternehmen als auch für seinen Abschlussprüfer, mögliche Risiken im Hinblick auf die Rechnungslegung zu identifizieren und zu beurteilen. Die folgenden Beispiele sollen erste Anhaltspunkte liefern.

Unberechtigte Zugriffe

Durch die Auslagerung betrieblicher Prozesse, Funktionen oder Daten und die Erweiterung des Personenkreises auf die Mitarbeiter des Dienstleisters ergibt sich eine veränderte Arbeitsteilung. Zugriffsrechte auf die beteiligten IT-Systeme müssen neu konzipiert werden. Oftmals werden z. B. weitreichende Rechte im Rahmen der Administration eines ERP- oder Finanzbuchhaltungssystems seitens des Dienstleisters benötigt, um seine Services zu erbringen.

Bei der Nutzung von Cloud-Computing ergeben sich spezifische Risiken aus den eingesetzten Technologien (bspw. Virtualisierung oder Multi-Tenancy, bei denen mehrere Mandanten verschiedener auslagernder Unternehmen mit einem System verwaltet werden). In solchen Fällen besteht das Risiko, dass über Sicherheitslücken beim Dienstleistungsunternehmen (bspw. auf Ebene der Cloud Management Systeme) oder einfach nur durch unzureichend gepflegte Systeme unberechtigte Zugriffe auf die Daten und Systeme anderer auslagernder Unternehmen stattfinden können. Es wäre fatal, wenn Kunde A auf die Lohn- und Gehaltsabrechnungen von Kunde B zugreifen könnte.

Praxistipp:
Das auslagernde Unternehmen muss also sichergehen können, dass das Benutzer- und Rechtemanagement beim Dienstleistungsunternehmen nach einem geregelten Prozess und z. B. unter Einholung von Genehmigungen funktioniert. Weniger auf administrativer Netzwerkebene, aber vielmehr bei möglichen Zugriffen auf rechnungslegungsrelevante Systeme sollte das auslagernde Unternehmen in den Genehmigungsprozess mit eingebunden sein.

Veränderte Daten

Im Zuge der Auslagerung sind häufig neue Schnittstellen einzurichten bzw. bestehende Schnittstellen anzupassen, um die für den zugrunde liegenden Prozess erforderlichen Daten richtig und vollständig zu übertragen.

Beispiel:

Beispielsweise ist die Übertragung von Lohn- und Gehaltsabrechnungen oder Reisekostenabrechnungen genau auf das empfangende System abzustimmen und gegen ungewollte Veränderung (z. B. während der Übertragung über unsichere Leitungen) zu schützen.

Nicht nur allgemein, sondern gerade bei Cloud-Computing ergeben sich Risiken aus den genutzten Übertragungswegen, soweit der Zugriff auf die Dienstleistung über öffentliche Netze wie das Internet erfolgt. Damit sind die rechnungslegungsrelevanten Daten einem erhöhten Risiko ausgesetzt, durch unberechtigte Dritte eingesehen oder verfälscht zu werden.

Praxistipp:

Das Dienstleistungsunternehmen muss also entsprechende Sicherheit bieten. So ist die Verwendung sicherer Leitungen oder eines Verschlüsselungsverfahrens eine Voraussetzung, die das auslagernde Unternehmen einfordern sollte. Weitere technische Maßnahmen, die dem Schutz der Daten beim Dienstleistungsunternehmen dienen, sind z. B. Virenscanner, Firewalls oder IPS (Intrusion Prevention Systeme).

Wegfall der Verfügbarkeit

Ein bedeutender Grund, warum sich ein Unternehmen für eine Auslagerung entscheidet, ist die hohe Verfügbarkeit, die die Dienstleistungsunternehmen bieten. Häufig ist es eine betriebswirtschaftliche Entscheidung, die gegen die Aufrüstung modernster Technik im eigenen Unternehmen spricht. Es wird also auch ein hohes Vertrauen in die Verfügbarkeit gesetzt, denn in einem solchen Fall sind die ausgelagerten Prozesse und Funktionen für die Kernprozesse der Unternehmen elementar und dürfen nicht ausfallen. Oftmals werden Online-Shops bei einem Dienstleister betrieben, oder Kunden im Automobilsektor sind über eine Plattform angebunden, um die Just-In-Time-Lieferungen zu koordinieren. Nicht auszudenken, wenn die Systeme oder Netzwerke nicht verfügbar oder die Daten nicht vorhanden sind und keine Bestellungen mehr eingingen.

Beim Cloud-Computing wechseln Daten technologiebedingt häufig ihren Speicherort, da die Ressourcenallokation während der Nutzungsphase der Dienstleistung durch das Dienstleistungsunternehmen optimiert und gesteuert wird. Hierdurch entsteht insb. das Risiko, dass es zu einer Überauslastung (Unterprovisionierung) einzelner IT-Systeme kommt. Dies kann zur Folge haben, dass die Verfügbarkeit der Dienstleistung eingeschränkt wird oder sogar der Verlust der gespeicherten Daten eintritt. Aus dem Wechsel des Speicherorts können sich zudem steuerrechtliche Risiken ergeben, schließlich knüpft das Steuerrecht bestimmte Voraussetzungen an die Aufbewahrung von steuerlich relevanten Daten außerhalb Deutschlands.[22]

Praxistipp:
Das auslagernde Unternehmen muss also sichergehen, dass eine hohe Verfügbarkeit gewährleistet ist. Mögliche Vorkehrungen, die das Dienstleistungsunternehmen hier treffen kann, sind redundant ausgelegte Standorte, Systeme, Netzwerke und Leitungen, eine adäquate Datensicherung und die ständige Überwachung der eigenen Systeme und die der Kunden, z. B. über ein umfassendes Monitoring.

Unzureichendes Änderungsmanagement

Ein weiteres Risiko ergibt sich in der Praxis aus Programmänderungen seitens des Dienstleistungsunternehmens, die nicht in allen Fällen mit den auslagernden Unternehmen abgestimmt werden. Hier kann es sein, dass Änderungen an den Systemen vorgenommen werden, deren Konsequenzen und vor allem mögliche Konflikte in nachgelagerten Systemen nicht ausreichend geprüft wurden. Denkbar wäre beispielsweise, dass das ausgelagerte CRM (Customer Relationship Managementsystem) nach einer Datenbankanpassung die Schnittstelle in der Finanzbuchhaltung nicht mehr korrekt befüllt und wichtige Informationen zur Umsatzsteuerfindung verloren gehen. Ebenso kann ein einfaches Update des Betriebssystems schon zur Folge haben, dass Funktionalitäten eingeschränkt sind.

---

[22] Vgl. § 146 Abs. 2a AO

Praxistipp:
Für das Dienstleistungsunternehmen bedeutet das, dass es einen geregelten Prozess bei Änderungen an den Systemen vorweisen können muss. Das fängt bei kleinen Patches an und geht bis zu umfangreichen Prozessanpassungen in den rechnungslegungsrelevanten ERP-Systemen. Es bedarf eines mehrstufigen Verfahrens, welches eine Genehmigung, umfangreiche Tests und eine Freigabe enthalten muss. Das auslagernde Unternehmen sollte darauf achten, in diesen Prozess hinreichend einbezogen zu werden.

2.2.2 Ordnungsmäßigkeit

2.2.2.1 Anforderungen an die Ordnungsmäßigkeit

Genauso wie für die voranstehenden Sicherheitsanforderungen kann die Verantwortung für die Ordnungsmäßigkeitsanforderungen nicht an das Dienstleistungsunternehmen abgegeben werden. Die Verantwortung verbleibt bei den gesetzlichen Vertretern des auslagernden Unternehmens.

Die allgemeinen Grundsätze ordnungsmäßiger Buchführung (GoB) über die Führung von Handelsbüchern sind in den §§ 238, 239 und 257 HGB kodifiziert und beinhalten die folgenden sechs Kriterien[23]:

- Vollständigkeit (§ 239 Abs. 2 HGB)
- Richtigkeit (§ 239 Abs. 2 HGB)
- Zeitgerechtheit (§ 239 Abs. 2 HGB)
- Ordnung (§ 239 Abs. 2 HGB)
- Nachvollziehbarkeit (§ 238 Abs. 1 Satz 2 HGB)
- Unveränderlichkeit (§ 239 Abs. 3 HGB und § 257 HGB).

Die sechs Ordnungsmäßigkeitsanforderungen können wie folgt skizziert werden:

---

[23] Darüber hinaus gibt es ergänzende abgabenrechtliche und steuerliche Vorschriften, insbes. §§ 145ff AO, GoBD, §§ 14, 14a, 14b, 22 UStG, § 33 UStDV

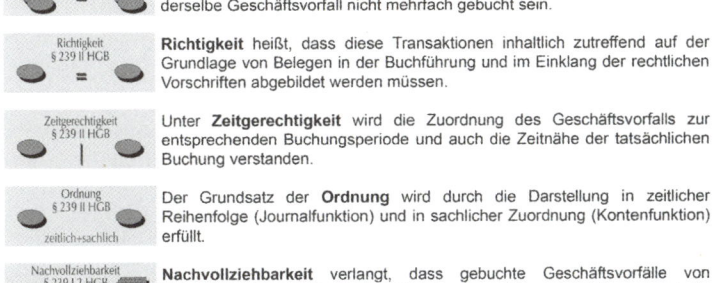

Vollständigkeit § 239 II HGB =	**Vollständigkeit** bedeutet, dass sämtliche buchungspflichtigen Transaktionen und Geschäfte lückenlos aufgezeichnet werden müssen, dabei darf ein und derselbe Geschäftsvorfall nicht mehrfach gebucht sein.
Richtigkeit § 239 II HGB =	**Richtigkeit** heißt, dass diese Transaktionen inhaltlich zutreffend auf der Grundlage von Belegen in der Buchführung und im Einklang der rechtlichen Vorschriften abgebildet werden müssen.
Zeitgerechtigkeit § 239 II HGB |	Unter **Zeitgerechtigkeit** wird die Zuordnung des Geschäftsvorfalls zur entsprechenden Buchungsperiode und auch die Zeitnähe der tatsächlichen Buchung verstanden.
Ordnung § 239 II HGB zeitlich+sachlich	Der Grundsatz der **Ordnung** wird durch die Darstellung in zeitlicher Reihenfolge (Journalfunktion) und in sachlicher Zuordnung (Kontenfunktion) erfüllt.
Nachvollziehbarkeit § 239 I 2 HGB Verfahrensdoku..	**Nachvollziehbarkeit** verlangt, dass gebuchte Geschäftsvorfälle von Entstehung bis zu ihrer Abwicklung untersucht werden können und die Reproduzierbarkeit der Buchungen sichergestellt ist.
Unveränderlichkeit § 239 III HGB →	**Unveränderlichkeit** bedeutet, dass nachträgliche Änderungen von Eintragungen oder Aufzeichnungen verhindert werden müssen. Auch im Zeitalter von IT-Systemen gilt das Radierverbot entsprechend.

Abb. 6: Anforderungen an die Ordnungsmäßigkeit: die sechs Kriterien nach §§ 238, 239 und 257 HGB[24]

2.2.2.2 Funktionen zur Erfüllung der GoB bei buchführenden Systemen

Werden die oben genannten allgemeinen Ordnungsmäßigkeitsanforderungen für die Erfassung, Verarbeitung, Ausgabe und Aufbewahrung der rechnungslegungsrelevanten Daten über die Geschäftsvorfälle auf buchführende IT-Systeme übertragen, so haben diese Systeme die folgenden Funktionen zu erfüllen:

- Belegfunktion
- Journalfunktion
- Kontenfunktion
- Dokumentationsfunktion
- Aufbewahrungsfunktion

Belegfunktion

Die in § 238 Abs. 1 HGB geforderte Nachvollziehbarkeit der Buchführung vom Urbeleg zum Abschluss und vice versa setzt voraus, dass jede Buchung durch einen Beleg nachgewiesen wird (Grundsatz „Keine Bu-

....

24   Klaus Heese 2002, S. 9 und IDW RS FAIT 1, Tz. 25

chung ohne Beleg"). Durch die Belegfunktion wird die Beweiskraft der Buchführung gesichert.[25]

Die sachgerechte Gestaltung der Geschäftsprozesse hat Einfluss auf die ordnungsgemäße Realisierung der Belegfunktion. Die erfassten Geschäftsvorfälle müssen hinreichend spezifiziert, erläutert und insbesondere autorisiert werden, z. B. durch eine User-ID, eine manuelle oder digitale Signatur oder bei programmierten Buchungen durch die IT-Anwendung selbst.

Journalfunktion

Die Journalfunktion verlangt, dass alle buchungspflichtigen Geschäftsvorfälle möglichst bald nach ihrer Entstehung vollständig und verständlich in zeitlicher Reihenfolge aufgezeichnet werden (Journal). Während durch die Erfüllung der Belegfunktion die Existenz und Verarbeitungsberechtigung eines Geschäftsvorfalls nachgewiesen werden muss, hat die Journalfunktion den Nachweis der tatsächlichen und zeitgerechten Verarbeitung der Geschäftsvorfälle zum Gegenstand.[26]

Die Journalfunktion ist nur erfüllt, wenn die gespeicherten Aufzeichnungen gegen Veränderung oder Löschung geschützt sind. Sofern Belege in Zwischendateien erfasst werden, um nach Kontrolle Erfassungskorrekturen vornehmen zu können, sind die erstellten Listen als Erfassungsprotokolle und nicht als Journale einzustufen, da die abschließende Autorisierung der Geschäftsvorfälle noch aussteht.

Im Journal sind – ggf. über eine entsprechende Verweistechnik – die Geschäftsvorfälle mit allen für die Erfüllung der Belegfunktion erforderlichen Angaben nachzuweisen.

Kontenfunktion

Die Kontenfunktion verlangt, dass die im Journal in zeitlicher Reihenfolge aufgezeichneten Geschäftsvorfälle auch in sachlicher Ordnung auf Konten abgebildet werden.[27] Bei IT-gestützten Buchführungssystemen werden Journal- und Kontenfunktion in der Regel gemeinsam wahrgenommen, indem bereits bei der erstmaligen Erfassung des Geschäftsvorfalls alle für die sachliche Zuordnung notwendigen Angaben erfasst

---

[25] IDW RS FAIT 1, Tz. 33ff
[26] IDW RS FAIT 1, Tz. 41ff
[27] IDW RS FAIT 1, Tz. 46

werden. Diese Funktionen werden bei integrierter Software z. B. durch maschinelle Kontenfindungsverfahren unterstützt.

Zur Erfüllung der Kontenfunktion sind die Geschäftsvorfälle getrennt nach Sach- und Personenkonten mit folgenden Angaben darzustellen:[28]

- Kontenbezeichnung
- Kennzeichnung der Buchungen
- Summen und Salden nach Soll und Haben
- Buchungsdatum
- Belegdatum
- Gegenkonto
- Belegverweis
- Buchungstext bzw. dessen Verschlüsselung.

Beim Ausdruck von Kontoblättern muss die Vollständigkeit z. B. über fortlaufende Seitennummern je Konto sowie Summenvorträge nachweisbar sein.

Die Kontenfunktion kann auch durch Führung von Haupt- und Nebenbüchern in unterschiedlichen IT-Anwendungen erfüllt werden. Ausprägungen von Nebenbüchern sind z. B. die Führung von Forderungen und Verbindlichkeiten in Kontokorrentsystemen, die Führung von Vermögensgegenständen des Anlagevermögens oder Abrechnungssysteme mit eigener Führung von Personenkonten.

Dokumentationsfunktion

Auch in einer IT-gestützten Rechnungslegung muss die Buchführung einem sachverständigen Dritten innerhalb angemessener Zeit einen Überblick über die Geschäftsvorfälle und die Lage des Unternehmens vermitteln (§ 238 Abs. 1 Satz 2 HGB). Dabei müssen sich die Geschäftsvorfälle in ihrer Entstehung und Abwicklung verfolgen lassen (§ 238 Abs. 1 Satz 3 HGB).

Voraussetzung für die Nachvollziehbarkeit des Buchführungs- bzw. Rechnungslegungsverfahrens ist eine ordnungsgemäße Verfahrensdokumentation, die die Beschreibung aller zum Verständnis der Rechnungslegung erforderlichen Verfahrensbestandteile enthalten muss. Die Verfahrensdokumentation in einer IT-gestützten Rechnungslegung besteht aus der Anwenderdokumentation und der technischen Systemdokumentation sowie der Betriebsdokumentation.[29]

....

[28]   IDW RS FAIT 1, Tz. 47
[29]   IDW RS FAIT 1, Tz. 52

Aufbewahrungsfunktion
Um die Aufbewahrung der Buchführungsunterlagen über die gesetzlich vorgesehenen Zeiträume zu gewährleisten, müssen sowohl die Anforderungen an die Art der Aufbewahrungsmedien (Original, Datenträger) beachtet, als auch die technischen Voraussetzungen für die Gewährleistung der jederzeitigen Wiederherstellung und Lesbarkeit bzw. der maschinellen Auswertbarkeit erfüllt sein (§§ 257, 261 i. V. m. § 239 Abs. 4 Satz 2 HGB i. V. m. § 147 Abs. 6 AO).

Journale, Konten, Belege und Abschlüsse sind gemäß § 257 HGB für einen Zeitraum von 10 Jahren aufzubewahren. Zu den aufbewahrungspflichtigen Unterlagen zählen nach § 257 Abs. 1 Nr. 1 HGB auch die zum Verständnis der Buchführung erforderlichen Unterlagen.

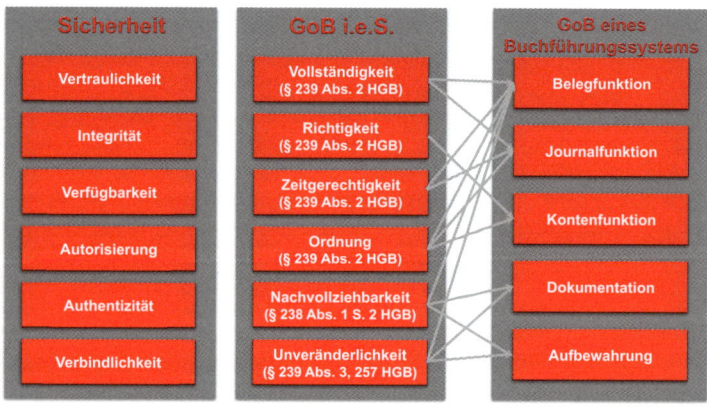

Abb. 7: IT-Sicherheit, GoB von Buchführungssystemen

2.2.2.3 Risiken für die Ordnungsmäßigkeit

Die Einhaltung der Ordnungsmäßigkeitsanforderungen betrifft in erster Linie die rechnungslegungsrelevanten Systeme und ihren Umgang mit den Geschäftsvorfällen und den Daten. Auch hier gibt es eine Reihe von Risiken, die ein Abschlussprüfer kennen und beurteilen muss. Die folgenden Abschnitte führen Beispiele auf.

Software as a Service
Die Anschaffung eigener Lizenzen für ein Finanzbuchhaltungssystem ist für kleine oder wachsende Unternehmen oft ein großer Kostenblock. Die Nutzung vorhandener Systeme bei einem Dienstleistungsunternehmen

(z. B. „Software as a Service") ist oftmals günstiger und flexibler. Hier besteht das Risiko, dass eine solche Anwendung (Buchführungssystem, ERP-System) nach den Regeln eines anderen Rechtsraums außerhalb Deutschlands entwickelt wurde und die hierzulande geforderte Beleg-, Konten- und Journalfunktion nicht ausreichend umsetzt.

Praxistipp:
Gerade die Verwendung von Finanzbuchhaltungssystemen sollte von auslagernden Unternehmen vorab ausreichend geprüft werden. Es sollte darauf geachtet werden, dass für die Anwendung eine Softwarebescheinigung vorliegt.

Verspätete Prozessverarbeitung

Im Falle von (Teil-)Prozessauslagerungen (z. B. logistische Prozesse wie die Lagerverwaltung) kann eine unvollständige Zuordnung von Aufgaben, Rollen und Verantwortlichkeiten und eine unzureichende Koordination dieser Prozesse zwischen Dienstleister und auslagerndem Unternehmen dazu führen, dass Geschäftsvorfälle und Daten unvollständig oder verspätet verarbeitet werden.

Praxistipp:
Das auslagernde Unternehmen muss daher sicherstellen, dass die Prozessverarbeitung beim Dienstleistungsunternehmen zeit- und fristgerecht abläuft. Möglich ist dies natürlich durch eigene Überwachungsmaßnahmen. Sinnvoller ist es allerdings, wenn das Dienstleistungsunternehmen eine umfangreiche Prozessüberwachung vorweisen kann. Dazu gehören das Monitoring relevanter Prozessketten inkl. Datenein- und -auslieferungsvorgänge und vor allem ein adäquates Fehlerhandling. Wenn ein Prozess beim Dienstleistungsunternehmen Fehler verursacht, so ist dieser durch die richtigen Maßnahmen umgehend zu korrigieren.

Verfahrensdokumentation

Sehr wichtig und oftmals übersehen ist das Erfordernis, dass die rechnungslegungsrelevanten Prozesse nachvollziehbar dokumentiert sein müssen. Bei den Unternehmen ist die Dokumentation von Prozessen ein lästiges Übel, welches nicht immer ernst genommen wird. Eine Auslagerung macht nun keinen Unterschied bzw. befreit das Unternehmen nicht von seiner Verpflichtung, eine entsprechende Dokumentation z. B. im Rahmen einer Betriebsprüfung vorweisen zu müssen.

Praxistipp:
Das auslagernde Unternehmen muss sicherstellen, dass es seiner Pflicht zur Dokumentation von Prozessen nachgekommen ist. Vom Dienstleister sollte also eingefordert werden, die auf ihn ausgelagerten (Teil-)Prozesse nachvollziehbar zu dokumentieren, diese Dokumentation aktuell zu halten und an das auslagernde Unternehmen herauszugeben.

Aufbewahrung der Daten

Sind Prozesse auf das Dienstleistungsunternehmen ausgelagert, so findet dort meist nicht nur eine Verarbeitung, sondern auch eine Speicherung von Daten statt. Verdichtete Datensätze wie bspw. eine Bestellinformation, ein Buchungssatz oder ein konvertierter EDI-Datensatz gehen zur weiteren Verarbeitung zum auslagernden Unternehmen zurück. Die ursprünglichen, detaillierten Daten verbleiben beim Dienstleistungsunternehmen.

Hinweis:
Zum Verständnis der Buchführung ist es wichtig, eine retrograde und auch progressive Prüfbarkeit vorweisen zu können. Es muss also anhand der Belege und Daten gelingen, den Ursprungsbeleg/den Ursprungsdatensatz über die Buchung und die Bilanz bis hin zur Steuererklärung (und umgekehrt) nachzuvollziehen. Werden nun die rechnungslegungs- und auch steuerlich relevanten Daten beim Dienstleister nicht vollständig oder nicht über die gesetzlich geforderte Aufbewahrungsfrist aufbewahrt, so stellt dies einen gravierenden Mangel in der Buchführung dar und kann zum Verwerfen derselben führen.

Aufgrund der Besonderheit, dass beim Cloud-Computing die Verarbeitung und Speicherung der rechnungslegungsrelevanten Daten über mehrere Rechenzentren in verschiedenen Ländern hinweg verteilt erfolgen kann, besteht das Risiko, dass die rechnungslegungsrelevanten Daten in Drittländern nicht nach den Sicherheits- und Ordnungsmäßigkeitsanforderungen der §§ 238 ff. HGB gespeichert werden. Beispielsweise besteht das Risiko, dass gegen das Radierverbot (§ 239 Abs. 3 HGB) verstoßen wird.[30]

....

[30]   IDW RS FAIT 5, Tz. 36

Praxistipp:
Das auslagernde Unternehmen muss daher sicherstellen, dass seine rechnungslegungs- und steuerlich relevanten vom Dienstleister aufbewahrt werden. Wichtig ist, auch schon bei den Vertragsgestaltungen mit dem Dienstleister die gesetzliche Aufbewahrungsfrist zu berücksichtigen. Zudem muss gefordert werden, dass die Daten auf Verlangen herausgegeben werden müssen, insbesondere im Fall der Aufkündigung des Dienstleistungsverhältnisses oder einer Geschäftsaufgabe des Dienstleisters. Der Dienstleister muss adäquate Vorkehrungen treffen, um die Daten unveränderbar vorzuhalten.

2.2.3 Fehlerrisiken

Neben Sicherheits- und Ordnungsmäßigkeitsrisiken, die sich meist nur indirekt auf die Rechnungslegung auswirken[31], können sich mangels angemessener und wirksamer Kontrollen innerhalb ausgelagerter rechnungslegungsrelevanter Prozesse beim Dienstleister direkte Fehlerrisiken auf die Rechnungslegung ergeben.

Fehlerrisiken setzen sich zusammen aus inhärenten Risiken und Kontrollrisiken.[32] Das inhärente Risiko ist das Risiko, das einem Bereich sowieso innewohnt. Mit ihm wird die Anfälligkeit eines Bereichs für das Auftreten von Fehlern bezeichnet, die für sich oder zusammen mit Fehlern in anderen Bereichen wesentlich sind, ohne Berücksichtigung des internen Kontrollsystems. Kontrollrisiken stellen die Gefahr dar, dass Fehler, die in Bezug auf einen Bereich (ggf. zusammen mit Fehlern aus anderen Bereichen) wesentlich sind, nicht durch das interne Kontrollsystem des Unternehmens verhindert oder aufgedeckt und korrigiert werden. Bei einem nicht oder nur bedingt wirksamen internen Kontrollsystem sind die Kontrollrisiken hoch, wohingegen mit einem wirksamen internen Kontrollsystem niedrige Kontrollrisiken verbunden sind.

---

[31] Beispiele: Zu weit vergebene Berechtigungen haben zunächst keine direkte materielle Auswirkung auf die Rechnungslegung. Genauso wenig, ob ein Notfallplan angemessen ausgelegt ist oder ob die Daten im Rahmen des Datensicherungsverfahrens ausgelagert werden. Auch eine fehlende automatisierte Stammdatenprotokollierung ist zwar eine Ordnungsmäßigkeitsverletzung (Nachvollziehbarkeit), aber kein Fehler in der Rechnungslegung.

[32] IDW PS 261, Tz. 6

Hinweis: **i**
Die Feststellung von Fehlerrisiken erfolgt im Rahmen der Gewinnung eines Verständnisses von dem zu prüfenden Unternehmen und dessen Umfeld sowie des rechnungslegungsrelevanten internen Kontrollsystems des Unternehmens. Sind Teile des rechnungslegungsrelevanten Kontrollsystems im Rahmen einer Auslagerung von Prozessen und Funktionen auf ein Dienstleistungsunternehmen übergegangen, so ist zusätzlich auf die Angemessenheit und Wirksamkeit des internen Kontrollsystems beim Dienstleister abzustellen, soweit es sich auf die Dienstleistung erstreckt („dienstleistungsbezogenes internes Kontrollsystem").

Am augenscheinlichsten wird es im Falle der Auslagerung der Finanzbuchführung auf einen Dienstleister, z. B. auf einen gewerblichen Buchhalter. Fehler, die der gewerbliche Buchhalter macht, können sich unmittelbar auf die Rechnungslegung durchschlagen. Als Beispiele können hier nicht abgestimmte Konten, insb. Verrechnungskonten, oder eine fehlerhafte oder unvollständige Zuordnung von Zahlungseingängen zu offenen Posten aufgeführt werden.

Aber auch bei Auslagerung von Logistik- oder Lagerverwaltungsleistungen können aufgrund eines nicht sachgerecht ausgestalteten Kontrollsystems Fehler in der Rechnungslegung entstehen. Werden z. B. Wareneingänge mengen- und wertmäßig unvollständig oder fehlerhaft erfasst, ist das Mengen- und Wertegerüst des Vorratsvermögens nicht vollständig und/oder nicht richtig.

Praxistipp:
Das auslagernde Unternehmen muss also sicherstellen, dass die ausgelagerten Prozessschritte seitens des Dienstleisters richtig abgewickelt werden. Geeignete Maßnahmen, die der Dienstleister implementieren und vorweisen kann, sind z. B. regelmäßige Abstimmtätigkeiten der verarbeiteten Daten, Plausibilitätschecks oder ein Vier-Augen-Prinzip.

Fehlerrisiken ergeben sich immer dann, wenn Kontrollen bzgl. der abzudeckenden Aussagen der Rechnungslegung nicht angemessen und/oder nicht wirksam ausgestaltet sind. In der Rechnungslegung enthaltene Aussagen stellen ausdrücklich abgegebene oder implizit enthaltene Erklärungen und Einschätzungen der gesetzlichen Vertreter des zu prüfenden Unternehmens dar. Der Abschlussprüfer muss diese Aussagen auf mögliche falsche Angaben in der Rechnungslegung beurteilen. Diese können sich auf die verschiedenen Arten von Geschäftsvorfällen, Kontensalden oder Abschlussinformationen (Abschlussposten, Ausführungen im Anhang, Lagebericht oder ggf. in anderen Berichtsinstrumenten) beziehen. Dabei müssen die Aussagen ausreichend detailliert sein, um eine Basis für die Beurteilung wesentlicher falscher Angaben in der Rechnungslegung sowie für die Gestaltung und Durchführung weiterer Prüfungshandlungen bilden zu können.

Unabhängig von ihrer Bezeichnung müssen die folgenden Aussagen abgedeckt sein[33]:

1. Aussagen über Arten von Geschäftsvorfällen und Ereignissen innerhalb des Prüfungszeitraums können sich beziehen auf
   a. den **Eintritt** eines Geschäftsvorfalls oder Ereignisses – erfasste Geschäftsvorfälle und Ereignisse haben stattgefunden und sind dem zu prüfenden Unternehmen zuzurechnen;
   b. die **Vollständigkeit** – alle Geschäftsvorfälle und Ereignisse, die erfasst werden müssen, wurden auch erfasst;
   c. die **Genauigkeit** – die sich auf die erfassten Geschäftsvorfälle und Ereignisse beziehenden Beträge und sonstigen Daten werden zutreffend erfasst;
   d. die **Periodenabgrenzung** – Geschäftsvorfälle und Ereignisse wurden in der richtigen Berichtsperiode erfasst;
   e. die **Kontenzuordnung** – Geschäftsvorfälle und Ereignisse wurden auf den richtigen Konten erfasst.
2. Aussagen über die Kontensalden am Periodenende können sich beziehen auf
   a. das **Vorhandensein** – Vermögensgegenstände, Schulden und Eigenkapital sind vorhanden;
   b. die **Zurechnung** zum Unternehmen aufgrund bestehender Rechte an Vermögensgegenständen und Verpflichtungen;
   c. die **Vollständigkeit** – sämtliche Vermögensgegenstände, Schulden und Eigenkapitalpositionen, die zu erfassen sind, wurden erfasst;
   d. die **Bewertung** und **Zuordnung** – Vermögensgegenstände, Schulden und Eigenkapital sind im Abschluss mit den zutreffenden Beträgen enthalten und damit verbundene Anpassungen der Bewertung oder Zuordnung wurden angemessen vorgenommen.
3. Aussagen über Abschlussinformationen können sich beziehen auf
   a. den **Eintritt** eines Geschäftsvorfalls oder Ereignisses sowie die Zurechnung zum Unternehmen aufgrund bestehender Rechte

---

[33] Siehe IDW PS 300, Tz. 7

und Verpflichtungen – dargestellte Ereignisse, Geschäftsvorfälle und andere Sachverhalte haben stattgefunden oder bestehen und sind dem zu prüfenden Unternehmen zuzurechnen;

b. die **Vollständigkeit** – alle Angaben, die in der Rechnungslegung enthalten sein müssen, sind enthalten;

c. den **Ausweis** und die **Verständlichkeit** – Rechnungslegungsinformationen sind angemessen dargestellt und erläutert und die Angaben sind deutlich formuliert;

d. die **Genauigkeit** und **Bewertung** – Rechnungslegungs- und andere Informationen sind angemessen und mit den richtigen Beträgen angegeben.

Sofern alle Aspekte berücksichtigt werden, können auch bestimmte Aussagen kombiniert werden, z. B. die Aussage, dass bestimmte Geschäftsvorfälle vollständig erfasst, verarbeitet und im Abschluss enthalten sind.

2.2.4   Steuerrechtliche Risiken

2.2.4.1 Überblick

Bei der Auslagerung von Prozessen und Funktionen können sich steuerrechtliche Risiken ergeben. Mögliche Auswirkungen sind

- Hinzuschätzungen (§ 162 AO) bei Ordnungsmäßigkeitsverstößen
- Aberkennen des Vorsteuerabzugs
- Verzögerungsgeld (§ 146 Abs. 2b AO) bei Rückverlagerung unzulässiger Verlagerung der Buchführung (Buchführungsfunktion und Ort der Aufbewahrung von Buchungsbelegen und Aufzeichnungen) ins Ausland
- Aufdeckung stiller Reserven bei Auslagerungen in Form von umwandlungsrechtlichen Ausgliederungen und Abspaltungen
- Besteuerung der Funktionsverlagerung ins Ausland gemäß Funktionsverlagerungsverordnung (FVerlV)

2.2.4.2 Hinzuschätzungen (§ 162 AO) bei Ordnungsmäßigkeitsverstößen

Verstöße gegen die Ordnungsmäßigkeit der Buchführung (siehe Kapitel 2.2.1) können zur Entkräftigung der Beweiskraft der Buchführung führen (§ 158 AO). Dies kann zur Folge haben, dass die Bemessungsgrundlage zur Steuerfestsetzung geschätzt wird (§ 162 Abs. 2 Satz 2 AO). Vereinfachend kommt es in solchen Fällen zu Hinzuschätzungen zu der vom Steuerpflichtigen berechneten Steuerbemessung.

Auch im Auslagerungsfall der Buchführung oder vorgeschalteter rechnungslegungsrelevanter Systeme ist sicherzustellen, dass die Finanzbehörde über den gesamten Zeitraum der Aufbewahrungspflicht auf die Unterlagen zugreifen kann. Bei originär digitalen Daten müssen die Daten per Zugriff durch die Finanzbehörde (mittelbar oder unmittelbar) maschinell auswertbar sein oder auf maschinell verwertbaren Datenträgern zur Verfügung gestellt werden (§ 147 Abs. 6 i. V. m. § 146 Abs. 5 AO).

2.2.4.3 Aberkennen des Vorsteuerabzugs

Ein weiteres Risiko verbirgt sich bei der Rechnungseingangsverarbeitung und der entsprechenden Aufbewahrung dieser Rechnungen. Dienstleistungsunternehmen, die sich auf diese Vorgänge spezialisiert haben, wickeln meist den Empfang der Rechnung, die elektronische Erfassung (Scannen), das Auslesen wesentlicher Feldinformationen, die Aufbereitung der Daten zu einem Buchungsvorschlag und die Archivierung der digitalisierten Rechnung ab.

i

Hinweis:
Ein solcher Prozess muss den Grundsätzen ordnungsmäßiger Buchführung entsprechen. Tut er dies nicht, ist der Vorsteuerabzug gefährdet. Das auslagernde Unternehmen hat bei der Auswahl des richtigen Dienstleisters für die Rechnungseingangsverarbeitung darauf zu achten, dass der Dienstleister adäquate Maßnahmen für die Sicherheit der Daten und die Ordnungsmäßigkeit des Verfahrens vorweisen kann. Das interne Kontrollsystem des Dienstleisters sollte insbesondere Vorkehrungen enthalten, die eine lückenlose und fehlerfreie Erfassung, Plausibilitätschecks bei der Felderkennung und ein geregeltes Verfahren zur Vernichtung der Original-Rechnungen sicherstellen. Eine Verfahrensdokumentation ist Pflichtbestandteil.

Für die Sicherstellung des Vorsteuerabzugs sind aber noch weitere Kriterien erforderlich. In erster Linie ist dies die Sicherstellung der Echtheit der Herkunft, der Unversehrtheit des Inhalts und der Lesbarkeit einer Rechnung (§ 14 Abs. 1 UStG). Dies setzt voraus, dass zwischen Lieferung/Leistung und der Rechnung ein verlässlicher Prüfpfad hergestellt wird. Was aufwändig klingt, kann aber meist mit einfachen Checks wie „Wurde die Lieferung/Leistung zu diesen Konditionen bei diesem Lieferanten auch bestellt?" und „Stimmen Anschrift und Bankverbindung des Lieferanten?" erledigt werden.

Auch die Prüfung der umsatzsteuerlichen Pflichtangaben einer Rechnung gemäß § 14 Abs. 4 UStG ist für die Geltendmachung des Vorsteuerabzugs ein wichtiger Bestandteil, schließlich ist das Umsatzsteuergesetz sehr formal, und bereits eine fehlende Angabe kann zur Aberkennung des Vorsteuerabzugs führen.

Praxistipp:
Die Auslagerung solcher (formalen) Prüfungen ist technisch zweifellos möglich, setzt aber natürlich eine entsprechende Kommunikation mit den Systemen (ERP-System mit den Bestellungen) des auslagernden Unternehmens voraus. Das interne Kontrollsystem des Dienstleisters sollte an dieser Stelle unbedingt ausführlich beschrieben und hinsichtlich eines Fehlerhandlings möglichst empfindlich eingestellt sein.

2.2.4.4 Unzulässige Buchführung im Ausland

Im Rahmen von Auslagerungen von Prozessen und Funktionen - insb. im Falle des Cloud-Computing (z. B. Software as a Service) - kann es gewollt oder ungewollt sein, dass Teile der Buchführung oder die digitale Belegablage bzw. Belegarchivierung im Ausland stattfinden. Dies würde grundsätzlich gegen die Abgabenordnung verstoßen, denn gemäß § 146 Abs. 2 AO sind Bücher und sonst erforderlichen Aufzeichnungen in Deutschland aufzubewahren. Seit 2008 hat der Gesetzgeber einen Passus in die Abgabenordnung eingefügt, der dem Steuerpflichtigen die Möglichkeit einräumt, die elektronischen Bücher und sonstigen elektronischen Aufzeichnungen im Ausland zu führen und aufzubewahren. Voraussetzung dafür ist, dass der Steuerpflichtige einen schriftlichen Antrag stellt, den die Finanzbehörde für Verlagerungen innerhalb der EU ohne weiteres bewilligt. Bei Auslagerungen in Drittstaaten bewilligt die Finanzbehörde das Vorgehen nur dann, wenn die Voraussetzungen des § 146 Abs. 2a AO vollumfänglich erfüllt sind. Dazu gehört die genaue Nennung des Standorts im Ausland sowie des Betreibers, die Sicherstellung der Einhaltung der Mitwirkungs- und Auskunftspflichten des Steuerpflichtigen, die Sicherstellung des Datenzugriffs der Finanzbehörde gemäß § 146 Abs. 6 AO sowie die grundsätzliche Nichtbeeinträchtigung der Besteuerung durch die Auslagerung.

Hat der Steuerpflichtige die Teile der Buchführung ausgelagert, ohne es zuvor beantragt zu haben, verlangt die Finanzbehörde regelmäßig die Rückverlagerung der Buchführung. In diesen Fällen kann sie ein Verzögerungsgeld nach § 146 Abs. 2b AO festsetzen.

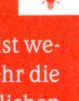

Praxistipp:
Die Beantragung einer Bewilligung bei den Finanzbehörden ist weniger die Pflicht des Dienstleistungsunternehmens als vielmehr die des auch für steuerliche Sachverhalte weiterhin verantwortlichen Unternehmens. Ein pflichtbewusstes Dienstleistungsunternehmen sollte sich dieser Angelegenheit jedoch bewusst sein und sie im Rahmen seines internen Kontrollsystems zumindest im Vertragsmanagement mit den Kunden verankern. So wäre eine Checkliste denkbar, die das Dienstleistungsunternehmen mit seinen Neukunden durchgeht, um diese auf ihre Pflichten aufmerksam zu machen.

2.2.4.5 Aufdeckung stiller Reserven bei Auslagerungen in Form von umwandlungsrechtlichen Ausgliederungen und Abspaltungen

Bei der Ausgliederung von Prozessen und Funktionen (z. B. der gesamten IT-Abteilung in eine eigene Rechtsform) kann es zur Aufdeckung stiller Reserven kommen. Dies ist insbesondere dann der Fall, wenn bei der Ausgliederung eines Unternehmensteils Wirtschaftsgüter wie Gebäudeteile, Grund und Boden oder immaterielle Wirtschaftsgüter (z. B. Patente, Schutz- und Markenrechte) übergehen, die regelmäßig stille Reserven enthalten. Nur bei Einhaltung der relevanten Vorschriften zur Buchwertfortführung (z. B. § 6 Abs. 3 u. 5 EStG, §§ 20, 24 UmwStG) kann in solchen Fällen eine Aufdeckung stiller Reserven und damit verbunden eine Besteuerung vermieden werden.

2.2.4.6 Funktionsverlagerungen ins Ausland

Gemäß dem Außensteuergesetz (AStG) liegt eine Funktionsverlagerung vor, wenn „eine Funktion einschließlich der dazugehörigen Chancen und Risiken und der mit übertragenen oder überlassenen Wirtschaftsgüter und sonstigen Vorteile verlagert" wird (§ 1 Abs. 3 Satz 9 AStG). Dies kann bei der Auslagerung wertschöpfender Prozesse und Funktionen ins Ausland gegeben sein. In diesen Fällen kann es zur Besteuerung des Gewinnpotenzials aus Funktionsverlagerungen kommen. Diese berechnet sich aus dem Barwert der zu erwarteten Nachsteuergewinne der verlagerten Funktion (§ 1 Abs. 4 FVerlV).

2.2.5 Datenschutzrechtliche Risiken

Bei der Auslagerung von Prozessen und Funktionen, bei denen personenbezogene Daten betroffen sind, ist sicherzustellen, dass das auslagernde Unternehmen wie auch der Dienstleister datenschutzrechtliche Vorschriften einhalten.

Verarbeitet der Dienstleister personenbezogene Daten, ist eine Vereinbarung zur Auftragsdatenverarbeitung zu schließen (§ 11 BDSG). Mit dem Inkrafttreten der EU-Datenschutzgrundverordnung (EU-DSGVO) und dem Bundesdatenschutzgesetz (BDSG neu) zum 25.05.2018 hat der Verantwortliche (das auslagernde Unternehmen) die von der Verarbeitung der personenbezogenen Daten durch einen Dritten Betroffenen zu informieren (Artikel 13 und 14 EU-DSGVO). Die formalen Anforderungen sowie Dokumentations-, Informations- und Auskunftspflichten an den personenbezogenen Datenschutz steigen erheblich. Auch die Bußgelder bei Verstößen liegen künftig weit über dem Niveau des alten Bundesdatenschutzgesetzes (Artikel 83 und 84 EU-DSGVO).

Praxistipp:
Das auslagernde Unternehmen muss sicherstellen, dass die datenschutzrechtlichen Vorgaben auch vom Dienstleistungsunternehmen umgesetzt sind. Das interne Kontrollsystem des Dienstleistungsunternehmens sollte daher den Datenschutz berücksichtigen und diesbezüglich geregelte Verfahren und Prozesse erkennen lassen. Sinnvoll und aufgrund der umfangreichen Anforderungen empfehlenswert ist der Aufbau eines Datenschutz-Management-Systems (DSMS), was im Grunde auch ein internes Kontrollsystem mit Schwerpunkt auf dem Datenschutz ist. Darin sollten wichtige Punkte wie Speicherzeiten, Risikoanalyse (Folgeabschätzung), Verhalten bei Datenschutzverletzungen und die Dokumentations-, Informations- und Auskunftspflichten geregelt sein.

2.2.6   Sonstige rechtliche Risiken

Weitere gesetzliche Anforderungen ergeben sich aus Vorschriften für dezidierte Wirtschaftszweige. Lagern z. B. Finanzdienstleister bestimmte Prozesse und Funktionen aus, so sind sie verpflichtet sicherzustellen, dass auch der Dienstleister die Mindestanforderungen an das Risikomanagement (MaRisk) erfüllt. Weitere Branchenanforderungen, die sich auf Outsourcing-Aktivitäten durchschlagen, ergeben sich beispielsweise aus dem Energiewirtschaftsgesetz (EnWG), dem Telekommunikationsgesetz (TKG) und dem Betäubungsmittelgesetz (BtMG).

Überdies können sich Anforderungen auch aus dem IT-Sicherheitsgesetz für Betreiber kritischer Infrastrukturen ergeben, die wesentliche Prozesse und Funktionen (z. B. IT-Dienstleistungen) weiterverlagern.

Diese Ausführungen haben nicht den Anspruch auf Vollständigkeit. Sie sollen den Leser lediglich auf das Vorhandensein möglicher weiterer rechtlicher Risiken sensibilisieren.

2.2.7   Vertragliche Risiken

Zu guter Letzt begibt sich das auslagernde Unternehmen in die Abhängigkeit des Dienstleisters. Erfüllt dieser seine Pflichten nicht, wirkt sich das unmittelbar auf die empfangene Dienstleistung aus und somit auf den Betrieb des auslagernden Unternehmens. Insbesondere, wenn wertschöpfende Prozesse mit dem ausgelagerten Arbeitsbereich eng verzahnt sind (z. B. Lagerverwaltung oder beim Betrieb wertschöpfender IT-Systeme), kann dies unmittelbar zum Stillstand der Produktion oder einem ungewollten Auslieferungsstopp führen. Auch ist sehr oft ein „Exit-Plan" –die Rückführung der ausgelagerten Dienstleistung für den Notfall oder bei Vertragskündigung – nicht ausreichend geregelt.

Praxistipp:
Das auslagernde Unternehmen muss an dieser Stelle selbst aktiv werden. Es hat zwar die Durchführung der ausgelagerten Prozesse und Funktionen an den Dienstleister abgegeben und sollte darauf achten, dass der Dienstleister im Rahmen seines internen Kontrollsystems entsprechende Überwachungs- und Korrekturmaßnahmen implementiert hat. Das auslagernde Unternehmen hat nun aber seinerseits mit geeigneten Maßnahmen im Rahmen eines sog. Third Party Managements, also dem Umgang mit Dritten, den Dienstleister zu überwachen. Fester Bestandteil des Third Party Managements sollten regelmäßige Auswertungen der erbrachten Leistungen und die Messung an den vereinbarten Service Levels sein.

2.3   Typische Anwendungsbeispiele des Outsourcings und des Cloud-Computings

2.3.1   Übersicht

Die Auslagerung von Prozessen und Funktionen kann grundsätzlich alle Unternehmensbereiche betreffen. Häufig anzutreffen ist die Auslagerung des Einkaufs, der Finanzbuchhaltung, der Personalabrechnung, des Betriebs von Webshops, ERP- und CRM-Systemen sowie die Inanspruchnahme einer Zentralregulierung, von Rechenzentrums- oder Logistik-dienstleistungen.[34] All diese Auslagerungsfälle können unterschiedliche Implikationen auf die Rechnungslegung des auslagernden Unternehmens haben. Darüber hinaus sind mit der Auslagerung auch weitere rechtliche Risiken verbunden (siehe Kapitel 2.2.4 und 2.2.5). Die folgende Tabelle kategorisiert den Service und gibt Hinweise auf die Risikokategorien.

Outsourcing-Beispiel	Service	Risiken
Personal-abrechnung	Vollständige Dienstleistung inkl. Software-Hosting	Sicherheitsrisiken, Ordnungsmäßigkeitsrisiken, rechtliche Risiken (vor allem BDSG)
Zentral-regulierer	Zahlungsabwicklung, Führung der Debitorenbuchhaltung und der Bankkonten	Sicherheitsrisiken, Ordnungsmäßigkeitsrisiken
Financial Shared Services	Buchführung, Zahlungsverkehr, Jahresabschlusstätigkeiten inkl. Software-Hosting	Sicherheitsrisiken, Ordnungsmäßigkeitsrisiken, rechtliche Risiken (vor allem BDSG)
ERP-System online	Software as a Service	Sicherheitsrisiken, Ordnungsmäßigkeitsrisiken, rechtliche Risiken (vor allem BDSG)
RZ-Dienstleistung	Infrastructure as a Service	Sicherheitsrisiken, rechtliche Risiken (Ort der Aufbewahrung, BDSG)
Online-Webshop	Platform as a Service	Sicherheitsrisiken, rechtliche Risiken (vor allem BDSG)
CRM-Software	Software as a Service	Sicherheitsrisiken, rechtliche Risiken (vor allem BDSG)
Lager-verwaltung	Dienstleistung, Lagermiete, Nutzung der Lagerverwaltungssoftware	Unvollständige Aufzeichnungen der Warenbewegungen, Datenübermittlungsrisiken, erhöhte Lagerrisiken

Tab. 2.2 Aufstellung typischer Outsourcing-Fälle und ihrer Risikofelder (Quelle: Rupp/Tritschler 2016)

2.3.2 Einkaufsgemeinschaften

Die Auslagerung des Einkaufs oder Teile des Beschaffungswesens findet sich international im Schlagwort „Procurement Outsourcing" wieder. Procurement Outsourcing ist die Übertragung spezifizierter Schlüsselbe-schaffungsaktivitäten im Zusammenhang mit der Beschaffung und dem Lieferantenmanagement mit dem Ziel, die Bezugskosten zu reduzieren

---

[34] Rupp/Tritschler (2016): Grundsätze ordnungsmäßiger Buchführung beim IT-Outsourcing einschließlich Cloud-Computing - Anmerkungen zu IDW RS FAIT 5, S. 297,BBK, NWB-Verlag

oder die Fokussierung des Unternehmens auf seine Kernkompetenzen zu verstärken.[35]

Die Nachfragebündelung kann auch innerhalb eines Unternehmensverbunds erfolgen. Dabei werden die Einkaufsaktivitäten sowie das Lieferentenmanagement zentralisiert. Dies kann in einer eigenen Gesellschaft (z. B. Sparkassen-Einkaufsgesellschaft mbH) oder als Teilfunktion eines „Headquarters" geschehen.

Darüber hinaus gibt es mit Einkaufsgemeinschaften eine Kooperationsform des freiwilligen Zusammenschlusses von Unternehmen zum Zwecke der Erhöhung ihrer Wirtschaftlichkeit (z. B. branchenbezogen wie die „hogast Einkaufsgesellschaft für das Hotel- und Gastgewerbe mbH").[36] Einkaufsgemeinschaften sind besonders im mittelständischen Einzelhandel verbreitet. Diese Einkaufsgemeinschaften betreiben in aller Regel ein integriertes Handelssystem, in dem alle Kooperationspartner ihre Bedarfe einstellen, und das in regelmäßigen Abständen Bestellungen über das Gesamtvolumen aller Teilnehmer auslöst.

2.3.3   Zentralregulierung

Im engen Zusammenhang mit der Auslagerung von Einkaufsaktivitäten steht die Dienstleistung eines Zentralregulierers. Nach Abschluss des Zentralregulierungsvertrags übernimmt der Zentralregulierer gegenüber den angeschlossenen Lieferanten des auslagernden Unternehmens oder den Mitgliedern einer Einkaufsgemeinschaft die Prüfung der Lieferantenrechnungen gegen ausgelöste Bestellungen sowie die Bezahlung und die Verwaltung eines Clearingkontos.

Der Lieferant sendet wie gewohnt die bestellte Ware und die Originalrechnung an das auslagernde Unternehmen. Parallel zu der Originalfaktura sendet der Lieferant die Rechnungsdaten über eine abgestimmte Schnittstelle zum Zentralregulierer. Dieser bucht die bei ihr eingehenden erforderlichen Rechnungsdaten auf den entsprechenden kreditorischen und debitorischen Konten. Die Forderungen der angeschlossenen Lie-

[35]   Vgl. „ Next Generation in Procurement BPO for new levels of impact" (accenture. com) https://www.accenture.com/t20170124T002902Z__w__/us-en/_acnmedia/PDF-5/ Accenture-Procurement-BPO-Brochure-FINAL.pdf (Download am 30.08.2017)

[36]   Vgl. Arjan J. van Weele, Michael Eßig (2017): Strategische Beschaffung: Grundlagen, Planung und Umsetzung eines integrierten Supply Management, S. 399, Springer Fachmedien

feranten werden danach zum Regulierungszeitpunkt an den jeweiligen Lieferanten bezahlt.[37]

Dabei kann der Zentralregulierer auch das Delkredererisiko für den Ausfall der Forderung der Lieferanten übernehmen. Der Vorteil eines Zentralregulierers im Zusammenhang mit einem Einkaufsverbund ist darin zu sehen, dass nicht für alle Lieferanten die Kontokorrentkonten selbst geführt werden müssen. Stattdessen führt das auslagernde Unternehmen ein Verrechnungskonto mit dem Zentralregulierer und führt nur einmalig im Monat eine Überweisung an den Zentralregulierer durch.

2.3.4 Finanzbuchhaltung

Bei kleinen Unternehmen, wie z. B. Start-Ups, ist die Auslagerung der Finanzbuchhaltung inkl. der Erstellung der betrieblichen Steuererklärungen mangels entsprechenden Fachpersonals weit verbreitet. Unter dem Begriff Finanzbuchhaltung werden im engeren Sinne die Hauptbuchhaltung und die Nebenbuchhaltung der Personenkonten für Debitoren und Kreditoren gefasst. Erweitert um die Bankbuchhaltung und die Anlagenbuchhaltung kann von einer vollumfänglichen Finanzbuchhaltung gesprochen werden.

Auch bei KMU kann die Auslagerung der Finanzbuchhaltung wirtschaftlich sein. Die Kosten pro Buchung einer Lieferantenrechnung können extern für unter EUR 1,50 eingekauft werden.[38] Eine eigene Buchhaltung ist bei einer Make-or-Buy-Entscheidung erst ab einem gewissen Belegvolumen wirtschaftlich sinnvoll.

In größeren Unternehmen kann es im Rahmen von Zentralisierungsaktivitäten zu Shared Service Organisationen kommen. Im Falle der Zentralisierung der Finanzbuchhaltung wird von „Financial Shared Service Center" gesprochen. Gemäß einer Studie des ACCA aus 2002 haben über 60% der Fortune-500-Firmen Shared-Service-Strukturen.[39] Der Prozentsatz dürfte sich in den letzten Jahren noch weiter erhöht haben.

---

[37]   Vgl. z. B. Zentralregulierer Arvato Bertelsmann; Zentralregulierung für Einkaufsverbände https://finance.arvato.com/de/services/central-regulations-einkaufsverbaende.html (abgerufen am 29.01.2018)

[38]   Vgl. z. B. https://www.schaffhauser-consult.de/buchhaltungsservice/ oder http://lohn-spezialist.de/preise/preise-finanzbuchhaltung/index.php

[39]   ACCA Research Report No. 79, Financial Shared Service Centres: Opportunities and Challenges for the Accounting Profession, 2002. http://www.accaglobal.com/content/dam/acca/global/PDF-technical/outsourcing-publications/rr-079-002.pdf (Download 15.10.2017)

2.3.5 Personalabrechnung

Analog zu den Ausführungen über die Auslagerung der Finanzbuchhaltung kann die Argumentation für die Auslagerung der Personalabrechnung und Personalbuchhaltung lauten, wobei die Tätigkeit der Personalabrechnung noch spezieller ist und hierfür ein aktuelles Wissen und ständig aktualisierte Personalabrechnungssysteme von Nöten sind. So findet man sehr oft Situationen in Firmen, in welchen die Finanzbuchhaltung aufgrund Größe und Komplexität bereits selbst betrieben wird, die Lohnbuchhaltung aber weiterhin beim Steuerberater verbleibt. Neben Steuerberatern gibt es weltweit große Organisationen, die verstärkt in den deutschen Markt der externen Personalabrechnungen drängen.[40]

Praxistipp:
Das interne Kontrollsystem des Dienstleisters sollte gerade im Bereich der Personalabrechnung von einem umfassenden Aus- und Fortbildungsprogramm geprägt sein. Es muss für das auslagernde Unternehmen nachvollziehbar sein, dass die Mitarbeiter des Dienstleistungsunternehmens im Rahmen der Personalpolitik regelmäßige Schulungen im Bereich des Personalwesens erhalten, dass bereits bei der Einstellung auf entsprechendes Fachwissen geachtet wird und dass den Mitarbeitern auch Hilfsmittel wie Fachliteratur und weitere Recherchemöglichkeiten zur Verfügung stehen.

2.3.6 Logistik

Ein Logistik-Dienstleister übernimmt für seine Auftraggeber abgestimmte und grundlegende Logistikdienstleistungen wie z. B. die Lagerung, die Kommissionierung und den Transport für Waren des auslagernden Unternehmens und führt diese Aufgaben mit eigener Infrastruktur, eigenen Anlagen und Systemen sowie Mitarbeitern durch.

Hier wird schnell klar, dass Fehler im Handling, falsche Auslieferungen oder Mengen- und Preisfehler bei der Ein- und Auslagerung sich unmittelbar auf den wert- und mengenmäßigen Bestand der Vorräte und somit auf den Jahresabschluss auswirken. Auch die Fragen der Datenübermittlung, der Aufzeichnung der Warenbewegungen in der Materialwirtschaft und der Fortführung der Vorräte im Hauptbuch sowie die Ordnungsmä-

[40] Z.B. ADP oder Hewlett Packard versuchen in Fuss zu fassen: Europa Global Payroll Service Providers, Buyers's Guide, American Payroll Association (APA): http://www.americanpayroll.org/pdfs/pto/bg_1211.pdf (Download am 15.10.2017)

ßigkeit der betriebenen Systeme beim Dienstleister haben allesamt Rechnungslegungsrelevanz.

> **Praxistipp:**
> Das auslagernde Unternehmen muss neben einer hohen Verfügbarkeit der Systeme beim Dienstleister großen Wert auf funktionierende Schnittstellen zwischen sich und dem Dienstleister legen. Dies betrifft u. a. die zeitnahe Übermittlung von Wareneingängen, um sie zur Rechnungsprüfung heranzuziehen, und die unmittelbare Meldung von Beständen. Meist geht die Information über die Bestände auch gleich an den Webshop des auslagernden Unternehmens.

2.3.7 Hosting

2.3.7.1 Applikationen

„Gehostete" Applikationen sind Anwendungen, die vom auslagernden Unternehmen erworben wurden und die auf einem Server beim Host-Dienstleister installiert und betrieben werden. Der Zugriff auf die Software erfolgt regelmäßig über eine gesicherte Anbindung (z. B. über einen VPN-Tunnel). Die gehosteten Softwareanwendungen sind normalerweise nicht webfähig und benötigen zum Ausführen der Anwendung die Netzwerkinfrastruktur des Host-Providers. In diesen Fällen wird meistens mittels der über Windows zur Verfügung gestellten Funktion „Remote Desktop" oder mittels Citrix-Clients auf den Server zugegriffen.

Hosting-Anbieter sind Rechenzentrumsbetreiber, Systemhäuser oder Softwarehersteller wie z. B. SAP, die eigene Rechenzentren betreiben und ihre ERP-Lösung auch in einem Hosting-Paket anbieten. Zu den größten Hosting-Anbietern in Deutschland gehören T-Systems, IBM, HP, All for One Steeb, Atos, Freudenberg IT, Fujitsu, IBM, NTT und Info AG.

> **Praxistipp:**
> Solche Dienstleister sind sich der Tatsache bewusst, dass ihre erbrachten Leistungen eine sehr große Rechnungslegungsrelevanz für die auslagernden Unternehmen haben. Aus diesem Grund lassen sie ihr dienstleistungsbezogenes internes Kontrollsystem regelmäßig einer Prüfung durch einen Wirtschaftsprüfer unterziehen. Entsprechende Prüfungsberichte mit Bescheinigungen stellen sie ihren Kunden zur Verfügung. Die auslagernden Unternehmen sollten bei der Auswahl ihres Dienstleisters darauf achten, dass eine entsprechende Bescheinigung (z. B. gemäß IDW PS 951 oder ISAE 3402) vorliegt.

2.3.7.2 Webhosting

Der Webhoster stellt den Betrieb von Webservern und deren Netzwerkanbindung zur Verfügung. Der Leistungsumfang von Webhosting-Angeboten variiert erheblich. Die Angebote beginnen mit einer einfachen Website über Server mit Skriptsprachenunterstützung (z. B. CGI und PHP) und Datenbank-Backend (z. B. MySQL) bis hin zu Paketen, die ein Web-Content-Management-System (z. B. TYPO3, Joomla), Monitoring, Datensicherung, statistischen Auswertungen, Lastverteilung beinhalten oder gar Hochverfügbarkeit anbieten.

Die sieben größten Webhoster in 2015, gemessen an der Anzahl der gehosteten Webseiten in Deutschland, sind Hetzner, 1&1, Schlund-Tech, Hosteurope, Strato, All-inkl.com und Domainfactory.[41]

Praxistipp:
Die Rechnungslegungsrelevanz tritt bei Webhosting nicht so sehr in den Vordergrund wie beim voranstehend beschriebenen Hosting. Dennoch realisieren immer mehr auslagernde Unternehmen und auch die Dienstleister, dass die über sie abgebildete Datenbearbeitung oder Datenhaltung Rechnungslegungscharakter haben kann. Das auslagernde Unternehmen sollte die ausgelagerten Prozesse und Funktionen genau definieren, damit sich der Abschlussprüfer ein umfassendes Bild machen kann. Auch von diesen Dienstleistern sollte ein Prüfungsbericht mit Bescheinigung über das dienstleistungsbezogene interne Kontrollsystem gefordert werden.

2.3.8   Managed (IT-)Services

Im Zusammenspiel mit dem Hosting werden vom Dienstleister sehr oft weitere IT-Services angeboten. Der Hoster bietet regelmäßig auch eine umfassende Applikationsbetreuung an. Diese kann die Administration, die Performance-Überwachung, das Update- und Patchmanagement sowie weitergehendes Change Management, aber auch das Helpdesk-Management beinhalten. In diesem Zusammenhang wird von Managed Services gesprochen.[42] Diese Services werden in Leistungsscheinen beschrieben und mit messbaren Leistungskomponenten als Service Levels fixiert. Exemplarisch sind die Managed Services von Bechtle, einem ty-

....

[41] Vom 26.06.2016 http://www.webhostingvergleich24.de/7-grosse-hoster-in-deutschland-und-deren-vor-und-nachteile/ (abgerufen am 29.01.2018)
[42] Vgl. Kapitel 2.1.3 IT-Outsourcing

pischen Anbieter für IT-Auslagerungen, in der nachfolgenden Abbildung beschrieben.

Praxistipp:
Managed Services spielen im Umfeld des Outsourcings eine sehr große Rolle. Die breite Leistungspalette der Dienstleister ist prädestiniert dafür, mit einem dienstleistungsbezogenen internen Kontrollsystem gesteuert zu werden. Auslagernde Unternehmen sollten bei ihrer Wahl des Dienstleisters unbedingt darauf achten, dass alle Services von geregelten Abläufen und entsprechenden Richtlinien geprägt sind. Aufgrund flexibler Gestaltung einzelner Services kann von einem hohen Automatisierungsgrad beim Dienstleister ausgegangen werden, der sich innerhalb des internen Kontrollsystems in standardisierten Prozessen wie Ticket-Systemen, Monitoring oder Portal-Lösungen widerspiegelt.

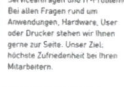

Service Desk.
Der Business Service Desk ist die zentrale Anlaufstelle bei Serviceanfragen und IT-Problemen. Bei allen Fragen rund um Anwendungen, Hardware, User oder Drucker stehen wir Ihnen gerne zur Seite. Unser Ziel: höchste Zufriedenheit bei Ihren Mitarbeitern.

Managed Application.
Der Business Service Datenbanken sorgt rund um die Uhr für einen reibungslosen, sicheren und umfassenden Datenbankbetrieb. Dabei ist es gleich, ob diese in der IT-Umgebung des Kunden oder im Bechtle Rechenzentrum betrieben werden.

Maintenance & Repair.
Die IT-Infrastruktur von Unternehmen besteht häufig aus Multi-Vendor-Umgebungen, die mit unterschiedlichen Service Levels verbunden sind. Damit Vielfalt für Sie auch einfach ist, kümmern wir uns um den Service.

Managed Workplace.
Damit Computer und Hardware zuverlässig und sicher funktionieren, müssen sie optimal gewartet werden und immer auf dem aktuellsten Stand sein. Unabhängig davon, ob es sich um einen ortsgebundenen oder einen mobilen Arbeitsplatz handelt: We make IT work.

Managed Network & Security.
Das Unternehmensnetzwerk muss beste Performance, geringe Latenz, größtmögliche Sicherheit und dazu einen hochverfügbaren Betrieb bieten. Unsere IT-Experten sorgen dafür, dass es zu keinen Beeinträchtigungen im Netzwerk kommt.

Onsite Services.
Der Onsite Service bietet Unternehmen professionelle Lösungen rund um den vernetzten IT-Arbeitsplatz. Der Betrieb Ihrer IT-Infrastruktur wird dabei vollständig von uns übernommen und verantwortet. Fachkräfte wie Servicetechniker, System Engineers, Help-Desk-Mitarbeiter oder Projektleiter können wir Ihnen je nach Bedarf vermitteln.

Managed Datacenter.
Rechenzentren müssen heutzutage sicher sein, aber auch Hochverfügbarkeit bieten. Selbst ein kurzer Ausfall kann Unternehmen viel Geld kosten und das Business beeinträchtigen. Unsere IT-Experten sorgen dafür, dass Ihr Rechenzentrum die Performance liefert, die Sie für Ihren Erfolg benötigen.

Managed Installation.
Das Bechtle Installationszentrum bietet Kunden die Möglichkeit, Server, PCs, Notebooks und andere Endgeräte vor der Lieferung zu veredeln. Dazu gehören OOA-Test, BIOS-Einstellungen, Hardwareeinbau, Installation des Betriebssystems uvm. Ihr Vorteil: vorkonfigurierte und getestete Hardware.

International Services.
Unser internationales Servicemanagement sorgt für eine sichere und verlässliche Leistungserbringung – in zahlreichen Ländern weltweit. Hierbei nennen wir Ihnen gerne unsere Partner und auch die Namen der vor Ort eingesetzten Techniker – denn Transparenz ist für uns ein wichtiges Thema.

Abb. 8: Bechtle Managed Services (https://www.bechtle.com/it-services/managed-services; abgerufen am 29.01.2018)

2.3.9 Cloud-Services

2.3.9.1 Cloud-Lösungen in der Praxis

Cloud-Services sind in der Praxis in allen Anwendungs- und Kombinationsformen anzutreffen. Die Nutzung von IaaS (Infrastructure as a Service) oder PaaS (Platform as a Service) kann zu der Entwicklung einer eigenen Private Cloud führen, auf dessen Anwendungen und Daten nur das auslagernde Unternehmen Zugriff hat. Nahezu immer in der Ausprägung „Public" sind SaaS-Lösungen (Software as a Service). Hier benötigt das auslagernde Unternehmen nicht mehr als ein Endgerät, eine Internetanbindung und einen Webbrowser (oder eine spezielle „App"), um die Cloud-Applikationen zu nutzen.

Private-Cloud-Solutions
(IaaS, PaaS)

Public-Cloud-Services
(z.B. SaaS)

Abb. 9: Informationssicherheits- und Ordnungsmäßigkeitsrisiken im Auslagerungsfall (Quelle: IDW Life 2017)

2.3.9.2 Private Cloud

Im ersten Schritt des Aufbaus einer Private-Cloud-Lösung wird ein „Cage" in einem Rechenzentrum angemietet, das ist ein speziell abgeriegelter und mit eingeschränkten Zutrittsrechten ausgestatteter Bereich in einem Rechenzentrum, in dem die Server vorgehalten werden. Mit dem „Cage" erhält der Mieter einen performanten Strom- und Internetanschluss. Auch für die physischen Sicherheitsvorkehrungen wie Klimasteuerung und Brandschutz ist ausreichend Sorge getragen. Mit der Unterbringung eines Servers, der Installation eines Betriebssystems und Cloud-fähiger Software entsteht eine Private Cloud.

Diese Plattform kann dann im Rahmen von Managed Services (siehe Kapitel 2.3.8) von einem externen Dienstleister gewartet und betrieben werden, und das auslagernde Unternehmen kann sich dann auf die Nutzung der Cloud-Lösung für sich und seine Geschäftspartner konzentrieren.

Private-Cloud-Solutions

Cage
- Strom & Netzwerk
- Sicherheitseinrichtungen

Managed Services
- Hardware Monitoring
- Applikationen / Patch & Change Management

Operationale Risiken
- Meistens mehr als ein Dienstleister eingebunden
- Abhängigkeit von Dienstleistern

Abb. 10: Vereinfachte Darstellung des Aufbaus einer Private Cloud

2.3.9.3 Public Cloud

Als Alternative zum Aufbau einer Private-Cloud-Lösung könnte auch eine Software im Rahmen von SaaS (Software as a Service) genutzt werden. Inzwischen gibt es fast für alle Softwarebedarfe eines Unternehmens öffentlich zugängliche Anwendungen. Diese betreffen ERP-Systeme (z. B. SAP S/4HANA, PLEX-Online oder Netsuite), CRM-Systeme (z. B. Salesforce oder Microsoft CRM), Cloud-Webshops (diverse Anbieter), Datenverwaltungs- und Storagesysteme (z. B. DocuShare, OneDrive, iDeals), E-Mails (z. B. MS Office365) und Firewallsysteme (z. B. Barracuda), so dass der Betrieb einer eigenen IT gar nicht mehr nötig ist.

Datenaustausch und Collaborations-Plattformen

- B2C- und B2B-Lösungen
- Zugang auf fremdem Rechner in fremder Infrastruktur
- Services sehr günstig, jedoch auch minimale Haftungsregelungen bei Datenverlust
- Dienstleister können auf Daten zugreifen

Operationale Risiken

- Dienstleister sind aufgrund ihrer Bekanntheit und Beliebtheit vielen Angriffen ausgesetzt

Public-Cloud-Services

Abb. 11: Typische Public-Cloud-Lösung: Software as a Service

2.4   Typisches Vorgehen beim IT-Outsourcing

2.4.1   Überblick über das Phasenmodell

Wird die Entscheidung getroffen, betriebliche Prozesse und Funktionen auf ein Dienstleistungsunternehmen zu verlagern, müssen die hieraus entstehenden Risiken für und die damit verbundenen Auswirkungen auf das interne Kontrollsystem des auslagernden Unternehmens beachtet werden.[43] In der Praxis haben sich verschiedene Verfahren zur Systematisierung und zeitlichen Strukturierung der Risiken und deren Auswirkungen auf das interne Kontrollsystem beim IT-Outsourcing etabliert, die typisiert folgende Phasen umfassen:[44]

- Vorbereitungsphase
- Aufbauphase
- Nutzungsphase (planmäßige Nutzung, Nutzungsbeendigung)

Das Zusammenspiel der erwähnten drei Phasen ist in einem Kreislauf in der nächsten Abbildung visualisiert.

---

[43]   IDW RS FAIT 1, Tz. 114, IDW RS FAIT 5, Tz. 14
[44]   IDW RS FAIT 5, Tz. 14

Vorbereitungsphase
Verhandlungen über Art, Umfang, Preis der Dienstleistungen, vertragliche Ausgestaltung, Bedingungen für die Übernahme der Dienstleistungen

Aufbauphase
Schaffung der organisatorischen und technischen Voraussetzungen durch das auslagernde Unternehmen und das Dienstleistungsunternehmen (Einrichtung / Anpassung / Verzahnung des IKS, Test und Freigabe, Dokumentation)

Nutzungsphase	
Planmäßige Nutzungsphase	Nutzungsbeendigungsphase
Überwachung des rechnungslegungsbezogenen IKS beim Dienstleistungsunternehmen sowie im Zusammenspiel mit dem eigenen IKS durch das auslagernde Unternehmen	Schaffung der Voraussetzungen für die Aufrechterhaltung der Ordnungsmäßigkeit und Sicherheit der Rechnungslegung auch nach dem Ende des Dienstleistungsverhältnisses

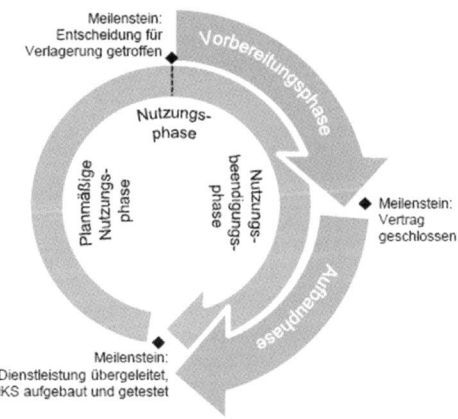

Abb. 12: Phasenmodell beim IT-Outsourcing (WPg 02/2016, S. 99)

2.4.2 Vorbereitungsphase

In der Vorbereitungsphase wird festgelegt, welche Dienstleistungen von welchen Dienstleistungsunternehmen über welchen Zeitraum und in welcher Form genutzt werden sollen.[45] In dieser Phase werden Art,

---

[45] IDW RS FAIT 5, Tz. 15

Umfang, Preis sowie entsprechende Service Level Agreements (SLA) für die Dienstleistungen und die vertragliche Ausgestaltung verhandelt. Mit Abschluss des Vertrags und der Genehmigung eines Projektplans ist die Vorbereitungsphase beendet.[46]

Praxistipp:
Das auslagernde Unternehmen sollte an dieser Stelle bereits den Grundstein für ein ineinandergreifendes internes Kontrollsystem legen. Nicht nur sollte vertraglich vereinbart werden, dass der Dienstleister sein dienstleistungsbezogenes internes Kontrollsystem einer regelmäßigen Prüfung (z. B. nach IDW PS 951 oder ISAE 3402) unterzieht und die Ergebnisse auch kostenfrei den Kunden zur Verfügung stellt (oftmals lassen sich die Dienstleister die Herausgabe des Prüfungsberichts zum Ärgernis der Kunden zusätzlich vergüten), sondern es sollte auch ein Prüfrecht seitens des auslagernden Unternehmens verankert werden, welches diesem (meistens verkörpert durch die Mitarbeiter der IT-Abteilung) oder seinem Abschlussprüfer eine Vor-Ort-Prüfmöglichkeit einräumt. Explizit geregelt werden sollte der Umgang mit den Daten während (Aufbewahrung) und vor allem nach der Nutzung der Dienstleistung (Herausgabe!).

2.4.3 Aufbauphase

In der Aufbauphase werden die organisatorischen und technischen Voraussetzungen für die Erbringung der Dienstleistung durch das auslagernde Unternehmen und das Dienstleistungsunternehmen geschaffen. Hierin enthalten ist auch die Einrichtung oder die Anpassung sowie die Verzahnung des rechnungslegungsbezogenen internen Kontrollsystems beim Dienstleistungsunternehmen und beim auslagernden Unternehmen. Idealerweise werden Tests durchgeführt und die erbrachten Dienstleistungen dokumentiert und freigegeben. Am Ende der Aufbauphase ist das auslagernde Unternehmen darauf vorbereitet, die Dienstleistung produktiv zu nutzen.[47]

Praxistipp:
Gerade weil Prozesse und Funktionen (teil-)ausgelagert werden, müssen nicht nur die genauen Zuständigkeiten dafür definiert werden, sondern insbesondere auch für die einzelnen Maßnah-

---

[46] IDW RS FAIT 5, Tz. 16
[47] IDW RS FAIT 5, Tz. 17

men und Kontrollen, die die Sicherheit und Ordnungsmäßigkeit gewährleisten sowie weitere Prozessrisiken minimieren sollen. Hier ist das auslagernde Unternehmen mit Unterstützung seines Abschlussprüfers aufgrund seines Gesamtblicks auf den Prozess in der Verantwortung. Maßnahmen und Kontrollen sind aufeinander abzustimmen. In dieser Phase kommt dem Identifizieren sog. korrespondierender Kontrollen, also Maßnahmen beim Dienstleister, bei deren Ausführung das auslagernde Unternehmen eng mit eingebunden sein muss, große Bedeutung zu.

2.4.4 Nutzungsphase

Mit der Produktivsetzung („Go-Live") beginnt die planmäßige Inanspruchnahme der Dienstleistung (planmäßige Nutzungsphase). Für das auslagernde Unternehmen ist insb. die Überwachung des rechnungslegungsbezogenen internen Kontrollsystems beim Dienstleistungsunternehmen sowie das Zusammenspiel mit dem eigenen internen Kontrollsystem von Relevanz.[48]

Praxistipp:
Das auslagernde Unternehmen muss die ausgelagerten Prozesse und Funktionen überwachen (Third Party Management). Neben einem Prüfungsbericht gemäß IDW PS 951 oder ISAE 3402, welcher in der Regel einmal im Jahr zur Verfügung gestellt wird, können eine regelmäßige Kommunikation zwischen beiden Parteien und ein ausgeprägtes Reporting seitens des Dienstleisters Unstimmigkeiten im Ablauf identifizieren und Anpassungen ermöglichen.

Die Nutzungsbeendigungsphase beginnt, sobald sich die gesetzlichen Vertreter für die Verlagerung der Dienstleistung auf ein anderes Dienstleistungsunternehmen oder zurück in das eigene Unternehmen entscheiden. In dieser Phase schafft das auslagernde Unternehmen die Voraussetzungen für eine kontinuierliche Aufrechterhaltung der Sicherheit und Ordnungsmäßigkeit der Rechnungslegung auch nach dem Ende des bisherigen Dienstleistungsverhältnisses. Mit der Entscheidung verbunden ist auch der Beginn einer neuen Vorbereitungsphase.[49]

---

[48] IDW RS FAIT 5, Tz. 18
[49] IDW RS FAIT 5, Tz. 19

Praxistipp:
Je gründlicher in der Vorbereitungsphase gearbeitet wurde, desto weniger Probleme sollten während der Nutzung entstehen. So schnell, wie sich Prozesse und Funktionen auslagern und teilweise „dazubuchen" lassen, so schnell kann man sie heutzutage auch wieder aufkündigen. Deshalb muss die Frage der Datenhaltung geklärt werden. Wird eine Dienstleistung gekündigt, besteht meist kein Interesse, den Dienstleister noch für die nächsten zehn Jahre zu bezahlen, nur um die Daten in angemessener Form vorzuhalten. Werden zwar die Daten herausgegeben, aber nicht das System, mit dem sie bearbeitet wurden, können handels- und vor allem steuerrechtliche Probleme entstehen, weil im Rahmen einer Außenprüfung die Zugriffsarten Z1 und Z2 dann meist nicht mehr, die Zugriffsart Z3 meist eingeschränkt zur Verfügung stehen. Vertraglich sollten deshalb im Vorfeld ein umfangreiches Migrationsmanagement inkl. Exportformate und Datensatzbeschreibungen geregelt sein.

2.4.5 Verantwortung der gesetzlichen Vertreter

Die gesetzlichen Vertreter müssen ihrer Verantwortung nachkommen und die Einhaltung der gesetzlichen Anforderungen an die Ordnungsmäßigkeit der Rechnungslegung sicherstellen.[50] Dies kann nur mit einer angemessenen Ausgestaltung und Wirksamkeit des internen Kontrollsystems (IKS) für die ausgelagerten Prozesse und Funktionen erfolgen. Die Dienstleistung ist in diesem Zusammenhang während der gesamten Nutzungsphase zu überwachen. Beispielhafte risikoreduzierende Aktivitäten und Überwachungsmaßnahmen sind in der folgenden Tabelle zusammengefasst.[51]

Phase	Aktivitäten zur Risikoreduzierung	Überwachung
Vorbereitungsphase	Erlangung eines umfassenden Bildes vom Dienstleistungsunternehmen. Festlegung Aktivitätensplit und „Retained" Organisation. Feststellung und Beurteilung der Risiken. Definition angemessener Kontrollen. Risikoreduzierende Vertragsgestaltung.	Einbindung eines fachlich qualifizierten Dritten, z. B. eines IT-Revisors im Rahmen einer projektbegleitenden Prüfung, z. B. gemäß IDW PS 850.

50 Rupp/Tritschler BBK 6/2016. S. 298, IDW RS FAIT 5
51 Rupp/Tritschler BBK 6/2016, S. 298, IDW RS FAIT 5

Phase	Aktivitäten zur Risikoreduzierung	Überwachung
Aufbauphase	Umfassendes Bild vom Dienstleistungs-unternehmen, Festlegung von Aktivitätensplit und Retained Organisation, Feststellung und Beurteilung der Risiken, Definition angemessener Kontrollen, risiko-reduzierende Vertragsgestaltung.	Einbindung eines fachlich qualifizierten Dritten (z. B. eines IT-Revisors im Rahmen einer projektbegleitenden Prüfung, z. B. gemäß IDW PS 850)
Nutzungsphase	Steuerung des IT-Outsourcings. Überwachung der Einhaltung der Regelungen. Maßnahmen zur ordnungsmäßigen Überleitung bzw. Rückverlagerung bei Beendigung.	Prozessunabhängige Überwachungs-maßnahmen durch gesetzliche Vertreter, Dritte, interne Revision, Datenschutzbeauftragten (z. B. regelmäßige Beurteilung der Überwachung der Leistungserbringung des Dienstleistungs-unternehmens). Vertraglich vereinbarte Prüfungsrechte des auslagernden Unternehmens. Prüfung beim Dienstleistungsunternehmen nach IDW PS 951. Einsatz automatischer Überwachungsprogramme.
Beendigung	Erarbeitung einer Konzeption zur Daten- und Dienstleistungsmigration (z. B. zu Vorgehensweise, Verantwortlichkeiten, Anpassungen an Datenstrukturen und -formate, Umgang mit archivierten Daten, Löschung von Daten), Regelungen zur Einhaltung der Aufbewahrungspflichten gemäß § 257 HGB in Abhängigkeit davon, ob die weitere Aufbewahrung durch den übernehmenden Dienstleister oder das auslagernde Unternehmen erfolgt.	Erstellung eines Fall-Back bzw. Exit-Plans zu Beginn des Outsourcings.

Tab. 2.3 Risikoreduzierende Aktivitäten und Überwachungsmaßnahmen in den Phasen des IT-Outsourcings

3 Das dienstleistungsbezogene interne Kontrollsystem

3.1 Allgemeiner Aufbau eines internen Kontrollsystems

Ein internes Kontrollsystem (IKS) umfasst die vom Management eines Unternehmens eingeführten Grundsätze, Verfahren und Maßnahmen (Regelungen), die auf die organisatorische und technische Umsetzung der Entscheidungen des Managements gerichtet sind.[52]

- zur Sicherung der Wirksamkeit und Wirtschaftlichkeit der Geschäftstätigkeit,
- zur Ordnungsmäßigkeit und Verlässlichkeit der internen und externen Rechnungslegung sowie
- zur Einhaltung der für das Unternehmen maßgeblichen rechtlichen und sonstigen Vorschriften.

Die Aufzählung macht deutlich, dass sich ein internes Kontrollsystem nicht nur auf die Rechnungslegung fokussiert, sondern auf das Unternehmen mit seinen Prozessen und Abläufen in gesamter Breite wirken soll. Es ist die Aufgabe eines internen Kontrollsystems, auf Risiken, die auf das Unternehmen einwirken, in geeigneter Weise zu antworten. Welche Risiken das sein können, wurde in Kapitel 2.2 schon ausführlich dargestellt. Im Folgenden sind die Risiken nochmal allgemein aufgezählt:

- Sicherheits- und Ordnungsmäßigkeitsrisiken
- Fehlerrisiken in der Rechnungslegung
- Steuerliche Risiken
- Datenschutzrechtliche Risiken
- Vertragliche Risiken

Um diese Risiken zu beherrschen, stehen in einem internen Kontrollsystem zwei Komponenten zur Verfügung. Einerseits das sog. interne Steuerungssystem, welches die Unternehmensaktivitäten lenken soll. Das spiegelt sich grundsätzlich in der Aufbau- und Ablauforganisation sowie in Arbeitsanweisungen o. ä. wider. Auf der anderen Seite wird ein IKS von einem sog. internen Überwachungssystem ergänzt, mit dem die Einhaltung der Regelungen auf Steuerungsseite sichergestellt werden soll. Das interne Überwachungssystem lässt sich in prozessin-

---

[52] vgl. IDW PS 951, Tz. 30

tegrierte und prozessunabhängige Überwachungsmaßnahmen katego-
risieren[53]:

Prozessintegrierte Überwachungsmaßnahmen

Organisatorische Sicherungsmaßnahmen sind in die Aufbau- und Ablauforganisation eingebettet und sollen stetig sicherstellen, dass Fehler vermieden werden. Die Maßnahmen wirken meist präventiv und umfassen Regelungen wie z. B. schriftliche Unternehmens- oder Prozessrichtlinien, die den Soll-Zustand oder ein Genehmigungsverfahren (Vier-Augen-Prinzip) etablieren sollen.

Prozessintegrierte Überwachungsmaßnahmen beinhalten auch sog. Kontrollen. Hierbei geht es nicht nur um Fehlervermeidung (präventiv), sondern auch um Fehleridentifikation (detektiv) innerhalb des Arbeitsablaufs. Ein Beispiel sind manuelle oder automatische Summenabgleiche bei der Übertragung von offenen Posten über eine Schnittstelle.

Prozessunabhängige Überwachungsmaßnahmen

Nicht in den Arbeitsablauf integriert sind die prozessunabhängigen Überwachungsmaßnahmen. Die interne Revision ist das beste Beispiel dafür. Es ist eine unabhängige Institution, die die jeweiligen Abläufe im Unternehmen und die Einhaltung der Regelungen überprüft und beurteilt. Weitere Beispiele sind sog. High Level Controls, bei denen die Geschäftsführung selbst in die Überwachung eingebunden ist. Dies ist z. B. bei regelmäßigen Meetings der Fall, wenn die einzelnen Bereichsleiter an die Geschäftsführung berichten.

Praxistipp:
Umgangssprachlich sind die „Kontrollen" die einzelnen Bestandteile eines internen Kontrollsystems. Dieser Begriff verleitet viele dazu, nach einem tatsächlich kontrollierenden Element zu suchen, also z. B. eine ausgefüllte Checkliste oder ein Häkchen auf dem Papier. Die voranstehende Gliederung macht deutlich, dass der Begriff „Maßnahme" besser geeignet ist, um prozessintegrierte und prozessunabhängige Überwachungsmaßnahmen zu umschreiben. Noch besser ist es, die Frage zu formulieren: „Wie es denn sichergestellt, dass etwas eingehalten wird/etwas nicht passiert?".

---

[53]   vgl. IDW PS 261 n.F., Tz. 20

3.2 Besonderheiten des internen Kontrollsystems bei Auslagerung

Mit der Auslagerung von Prozessen und Funktionen nimmt der direkte Einfluss auf die Ausgestaltung bedeutsamer Maßnahmen für die Prozesse ab. Das auslagernde Unternehmen hat zunächst keinen transparenten Einblick in die Abläufe beim Dienstleister. Exemplarisch ist dieser Sachverhalt für das IT-Outsourcing dargestellt. In dieser Abbildung ist ganz links der Inhouse-Fall skizziert, bei dem bis auf den Internetzugang alle IT-Bereiche unmittelbar „kontrolliert" und sichergestellt werden können. Ganz rechts ist das andere Extrem, der Fall des SaaS (Software as a Service), in welchem keine IT-Kontrollen selbst mehr durchgeführt werden. Je mehr Aktivitäten ausgelagert werden, desto größer wird das Kontrollrisiko der zuvor selbst beherrschten Unternehmensbereiche.

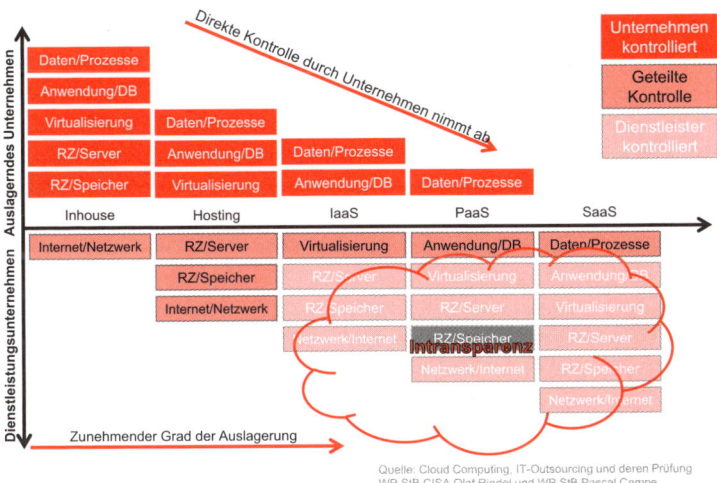

Abb. 13: Kontrolleinfluss des auslagernden Unternehmens beim IT-Outsourcing (IDW Life 07/2017)[54]

....

54 IDW PS 951 n.F., Tz. 112, Fn. 29 und Cloud Computing, IT-Outsourcing und deren Prüfung in IDW Life 07/2017, S. 800-806

Praxistipp:

Umso wichtiger ist die Vertragsgestaltung und die Überwachung der SLA durch das auslagernde Unternehmen sowie die Sicherstellung, dass der Dienstleister ein angemessenes und wirksames internes Kontrollsystem bzgl. der Erbringung der Dienstleistung unterhält.

Werden Prozesse und Funktionen auf ein Dienstleistungsunternehmen ausgelagert, so ist es in den allermeisten Fällen nicht sinnvoll und möglich, das bestehende interne Kontrollsystem eines Unternehmens unverändert zu betreiben. Dies betrifft in erster Linie die prozessintegrierten Kontrollen, denn schließlich ist der Prozess ja nicht mehr im Unternehmen vorhanden. Maßnahmen, die z. B. die Vollständigkeit durch Abzählen (bei einer Inventur) oder den physischen Schutz von Infrastruktur sicherstellen sollen, können nur vom Dienstleister durchgeführt werden.

Die Verantwortung für die Einhaltung der gesetzlichen und regulatorischen Anforderungen verbleibt jedoch beim auslagernden Unternehmen. Dieses muss nun dafür Sorge tragen, dass das eigene interne Kontrollsystem an die Situation der Auslagerung angepasst wird. Die Lücke, die die Auslagerung im eigenen IKS hinterlässt, muss durch adäquate Kontrollen des Dienstleisters geschlossen werden. Beide internen Kontrollsysteme, also das des auslagernden Unternehmens und das des Dienstleisters, müssen nahtlos ineinandergreifen.

Hinweis:

Es ist kein umfassendes internes Kontrollsystem des Dienstleisters notwendig, um die Lücke beim auslagernden Unternehmen zu schließen. Wichtig für ein auslagerndes Unternehmen sind nur die Maßnahmen, die mit der Erbringung der Dienstleistung im Zusammenhang stehen und die der Dienstleister implementiert hat, um die Risiken zur Serviceerbringung zu beherrschen (dienstleistungsbezogenes internes Kontrollsystem).

Beide internen Kontrollsysteme können nur dann sinnvoll ineinandergreifen, wenn zumindest auf Seiten des auslagernden Unternehmens Kenntnis über die Maßnahmen beim Dienstleister besteht. Aus diesem Grund ist es in der Praxis üblich, dass der Dienstleister sein internes Kontrollsystem in Form einer Beschreibung zum auslagernden Unternehmen kommuniziert.

Praxistipp:
Auch wenn auf Seiten des auslagernden Unternehmens eigene Maßnahmen durch die des Dienstleisters ersetzt werden, so ist es die Pflicht des auslagernden Unternehmens, das eigene interne Kontrollsystem um neue Maßnahmen zu ergänzen, die den Dienstleister und seine Serviceerbringung in geeigneter Weise überwachen. Vertragliche Grundlagen und regelmäßige Überprüfung der SLA sind hier Pflicht.

Kein internes Kontrollsystem bietet eine absolute Sicherheit. Auch ein ansonsten wirksames dienstleistungsbezogenes internes Kontrollsystem unterliegt systemimmanenten Grenzen, sodass möglicherweise auch wesentliche Regelverstöße auftreten können, ohne systemseitig verhindert oder aufgedeckt zu werden. Diese systemimmanenten Grenzen ergeben sich u.a. aus menschlichen Fehlleistungen (bspw. infolge von Nachlässigkeit, Ablenkungen, Beurteilungsfehlern und Missverstehen von Arbeitsanweisungen), Missbrauch oder Vernachlässigung der Verantwortung durch für bestimmte Maßnahmen verantwortliche Personen, der Umgehung oder Außerkraftsetzung von Kontrollen durch Zusammenarbeit zweier oder mehrerer Personen oder dem Verzicht des Managements auf bestimmte Maßnahmen, weil die Kosten dafür höher eingeschätzt werden als der erwartete Nutzen.[55]

3.2.1 Ausgestaltung des dienstleistungsbezogenen internen Kontrollsystems

Ein dienstleistungsbezogenes internes Kontrollsystem unterscheidet sich im Aufbau und im Inhalt (mit Ausnahme des Fokusses auf die Dienstleistung) nicht von internen Kontrollsystemen, wie sie z. B. die auslagernden Unternehmen erstellen würden. Es ist genauso das Ziel, geeignete Maßnahmen beim Dienstleistungsunternehmen einzurichten, um Risiken zu begegnen, die die Erbringung der Dienstleistung gefährden.

Für den Aufbau eines dienstleistungsbezogenen internen Kontrollsystems ist es oft ein gängiger Ansatz in der Praxis, auf der Grundlage von Risiken sogenannte Kontrollziele zu formulieren, die zu erreichen sind. Ein einfaches Beispiel ist der Schutz der Server eines Rechenzentrums. Das Risiko sowie das Kontrollziel kann man wie folgt formulieren:

---

[55] IDW PS 951 n.F., Tz. 112, Fn. 29

Risiko	Kontrollziel
Zerstörung der IT-Infrastruktur durch innere und äußere Gewalteinflüsse und dadurch Ausfall von Services.	Die IT-Infrastruktur ist vor inneren und äußeren Gewalteinflüssen zu schützen.

Dieses Kontrollziel kann man nun mit unterschiedlichen Maßnahmen erreichen. Üblicherweise kann man hier separate Räumlichkeiten mit Zutrittskontrollen, Brand- und Klimaschutz erwarten.

Hinweis:

Risiken und Kontrollziele sind oft, aber nicht immer in einem 1:1-Verhältnis aufgeführt. Bei der Zuordnung von Kontrollzielen zu geeigneten Maßnahmen sind es indes häufig 1:n-Beziehungen, weil oft mehrere Einzelmaßnahmen notwendig sind, um ein Ziel zu erreichen.

Kontrollziele ergeben sich insb. aus gesetzlichen bzw. aufsichtsrechtlichen Anforderungen sowie aus den Erfordernissen der jeweiligen Geschäftstätigkeit. Darüber hinaus können aus branchenspezifischen, vom Dienstleistungsunternehmen definierten oder sonstigen Regelungen weitergehende Kontrollziele abgeleitet werden.[56]

Dienstleistungsunternehmen können auch Kontrollziele beschreiben, die keinen direkten Bezug zur Rechnungslegung haben oder darüber hinausgehende Bestandteile des internen Kontroll- und des Risikomanagementsystems betreffen, z. B. Einhaltung der Anforderungen aus dem Bundesdatenschutzgesetz oder Überwachung von Service Level Agreements (SLAs).[57]

3.2.2   Kriterien

3.2.2.1   Basis für eine Beurteilung

Für das auslagernde Unternehmen (und seinen Abschlussprüfer) ist es für die Gesamtbeurteilung der ineinandergreifenden internen Kontrollsysteme wichtig zu wissen, ob die Kontrollziele des Dienstleisters im Hinblick auf die erbrachten Services sinnvoll gewählt sind und ob die gesetzlichen und regulatorischen, aber auch vertraglich vereinbarten Anforderungen im Umfeld der Dienstleistung damit auch erfüllt werden.

Kontrollziele sollten daher anhand geeigneter Kriterien abgeleitet werden. Die Kriterien geben den Kontrollzielen eine Basis und stellen einen Maß-

[56]   IDW PS 951 n.F., Tz. 32
[57]   IDW PS 951 n.F., Tz. 35

stab für die Beurteilung oder Bemessung von Sachverhalten dar. Kriterien können in drei Gruppen gefasst werden:[58]

1. gesetzliche und sonstige regulatorische Kriterien
2. themen-, branchen- und industriespezifische Kriterien und
3. vom Dienstleister selbst entwickelte Kriterien, einschließlich vertraglicher Kriterien.

Hinweis:
Beim Aufbau des dienstleistungsbezogenen internen Kontrollsystems können mehrere Kriterien herangezogen werden. In den meisten Fällen wird es aufgrund der Tragweite der erbrachten Services gar nicht möglich sein, sich nur auf einen Kriterienkatalog zu beschränken.

In den nachfolgenden Abschnitten werden die drei Gruppen von Kriterien skizziert.[59]

3.2.2.2 Gesetzliche und sonstige regulatorische Kriterien

In Abhängigkeit davon, in welchem rechtlichen Umfeld sich das auslagernde Unternehmen bewegt, sollten auch die Kriterien für das dienstleistungsbezogene interne Kontrollsystem gewählt werden. Bei Dienstleistungen im Finanzumfeld sind z. B. die Anforderungen der MaRisk, bei Dienstleistungen im Energiesektor die des EnWG zugrunde zu legen, um daraus Kontrollziele abzuleiten. Bei Dienstleistern, die Tätigkeiten mit Bezug zur Rechnungslegung durchführen, sind die Grundsätze ordnungsmäßiger Buchführung zugrunde zu legen, insb. mit den Anforderungen an die Ordnungsmäßigkeit und Sicherheit der rechnungslegungsrelevanten Systeme und Daten (§§ 238, 239 und 257 HGB, Konkretisierung in IDW RS FAIT 1).

Praxistipp:
Werden die Grundsätze ordnungsmäßiger Buchführung zugrunde gelegt, so sollten die Kontrollziele die in Kapitel 2.2 erläuterten Anforderungen an die Sicherheit (Vertraulichkeit, Autorisierung usw.) und die Ordnungsmäßigkeit (Vollständigkeit, Richtigkeit usw.) berücksichtigen.

---

[58] ISAE 3000, Tz. 20
[59] Vgl. IDW PS 951 n.F., Tz. 38-51

3.2.2.3 Themen-, branchen- und industriespezifische Kriterien

Die Art und der Umfang von Dienstleistungen sind in vielen Bereichen (z. B. beim Betrieb eines Rechenzentrums) und Branchen (z. B. Kreditkartenabrechnungen) mittlerweile sehr stark standardisiert. Dies führte dazu, dass sich über die letzten Jahre allgemeine und spezifische Anforderungen herauskristallisiert haben, die als Mindestvoraussetzung in der jeweiligen Branche oder bezüglich der erbrachten Dienstleistung angesehen werden können.

Hinweis:

Typische Beispiele für themenspezifische Kriterien sind ISO- und DIN-Normen, aber auch COSO, ITIL, COBIT® und das BSI-Grundschutzhandbuch als Rahmenwerke für die Gestaltung von internen Kontrollsystemen bzw. IT-Prozessen.

Branchenindividuelle Anforderungen können von Branchen- oder Industrieverbänden festgelegte Regelungen zur Gestaltung von Geschäftsprozessen oder Verfahren sein, bspw. die Regelungen der Society for Worldwide Interbank Financial Telecommunication (SWIFT) zum Austausch von Daten über Finanztransaktionen sowie XBRL als Standard zum Austausch von Finanzinformationen.

Hinweis:

Bei der Beurteilung von Kriterien und der darauf aufbauenden Definition von Kontrollzielen muss berücksichtigt werden, dass Rahmenwerke unterschiedliche Ermessensspielräume für die Dienstleister eröffnen. Beispielsweise ist es bei Anwendung des elektronischen Zahlungskartenstandards PCI DSS (Payment Card Industry Data Security Standard) oder beim Anforderungskatalog Cloud Computing (C5) des BSI zwingend erforderlich, dass alle durch diesen Standard vorgegebenen Kriterien und Kontrollziele durch den Dienstleistungserbringer erfüllt werden. Das COBIT® Rahmenwerk hingegen räumt Ermessensspielräume ein, da dieses auch lediglich in ausgewählten Teilen angewendet werden kann.[60]

Solche Rahmenwerke kommen immer häufiger bei Dienstleistern zum Einsatz. Das liegt u. a. daran, dass sie tatsächlich eine umfassende Sammlung an Regelungen beinhalten, die für den Aufbau eines dienstleistungsbezo-

---

[60]   vgl. IDW PS 951 n.F., Tz. 47

genen internen Kontrollsystems als wertvolle Quelle dienen kann. Großer Vorteil bei den meisten dieser Rahmenwerke ist aber, dass sie bereits konkrete Formulierungen von Kontrollzielen beinhalten, die man für das eigene IKS verwenden kann.

Vorteilhaft ist ebenso, dass die unterschiedlichen Rahmenwerke mittlerweile einen hohen Überschneidungsgrad aufweisen, da viele Basisanforderungen wie die IT-Sicherheit stets Bestandteil sind. Über sog. Mappingtabellen lassen sich die einzelnen Rahmenwerke miteinander vernetzen.

Aufgrund ihrer Bedeutung für dienstleistungsbezogene interne Kontrollsysteme werden einige Rahmenwerke in den folgenden Abschnitten näher erläutert:

COSO ERM – Das Grundmodell

Das Grundmodell für die Beschreibung und Umsetzung eines internen Kontrollsystems ist das COSO-Enterprise-Risk-Management-Rahmenwerk.[61] Da es generisch geschrieben ist, eignet sich es sehr gut für den Grundaufbau und die Gliederung eines internen Kontrollsystems.

Hinweis:
In der Praxis trifft man häufig auf interne Kontrollsysteme, die eine Grundstruktur nach COSO aufweisen. Die fünf nachstehend erläuterten Bestandteile werden dann aber noch mit weiteren Rahmenwerken (auch hier häufig COBIT oder ISO-Normen) kombiniert.

In der neuesten Auflage vom Juni 2017 (2017 ERM Framework) besteht das Modell aus fünf Komponenten (siehe Abbildung 14):

1. **Governance and Culture:** Governance sets the organization's tone, reinforcing the importance of, and establishing oversight responsibilities for, enterprise risk management. Culture pertains to ethical values, desired behaviors, and understanding of risk in the entity.
2. **Strategy and Objective-Setting:** Enterprise risk management, strategy, and objective-setting work together in the strategic-plan-

---

[61] COSO steht für "Committee of Sponsoring Organizations of the Treadway Commission" und ist eine freiwillige privatwirtschaftliche Organisation in den USA, die 1985 als Plattform für die National Commission on Fraudulent Financial Reporting (Treadway Commission) gegründet wurde. Ziel der Organisation ist anhand eines Rahmenwerkes Hilfestellung für den Aufbau eines Risiko-Managements- und eines internen Kontrollsystems zu geben (www.coso.org).

ning process. A risk appetite is established and aligned with strategy; business objectives put strategy into practice while serving as a basis for identifying, assessing, and responding to risk.

3. **Performance:** Risks that may impact the achievement of strategy and business objectives need to be identified and assessed. Risks are prioritized by severity in the context of risk appetite. The organization then selects risk responses and takes a portfolio view of the amount of risk it has assumed. The results of this process are reported to key risk stakeholders.

4. **Review and Revision:** By reviewing entity performance, an organization can consider how well the enterprise risk management components are functioning over time and in light of substantial changes, and what revisions are needed.

5. **Information, Communication and Reporting:** Enterprise risk management requires a continual process of obtaining and sharing necessary information, from both internal and external sources, which flows up, down, and across the organization.

Die fünf Komponenten werden mit 20 Prinzipien (Principles) konkretisiert, die wiederum die Ausgangsbasis für die Kontrollziele und die tatsächlich durchzuführenden Kontrollen bilden.

Component	Principle	Explanation
Governance and Culture	1. Exercises Board Risk Oversight	The board of directors provides oversight of the strategy and carries out governance responsibilities to support management in achieving strategy and business objectives.
	2. Establishes Operating Structures	The organization establishes operating structures in the pursuit of strategy and business objectives.
	3. DefinesDesiredCulture	The organization defines the desired behaviors that characterize the entity's desired culture.
	4. Demonstrates Commitment to Core Values	The organization demonstrates a commitment to the entity's core values.
	5. Attracts, Develops, and Retains Capable Individuals	The organization is committed to building human capital in alignment with the strategy and business objectives.
Strategy and Objective-Setting	6. Analyzes Business Context	The organization considers potential effects of business context on risk profile.
	7. Defines Risk Appetite	The organization defines risk appetite in the context of creating, preserving, and realizing value.
	8. Evaluates Alternative Strategies	The organization evaluates alternative strategies and potential impact on risk profile.
	9. Formulates Business Objectives	The organization considers risk while establishing the business objectives at various levels that align and support strategy.
Performance	10. Identifies Risk	The organization identifies risk that impacts the performance of strategy and business objectives.
	11. Assesses Severity of Risk	The organization assesses the severity of risk.
	12. Prioritizes Risks	The organization prioritizes risks as a basis for selecting responses to risks.
	13. Implements Risk Responses	The organization identifies and selects risk responses.
	14. Develops Portfolio View	The organization develops and evaluates a portfolio view of risk.

Component	Principle	Explanation
Review and Revision	15. Assesses Substantial Change	The organization identifies and assesses changes that may substantially affect strategy and business objectives.
	16. Reviews Risk and Performance	The organization reviews entity performance and considers risk.
	17. Pursues Improvement in Enterprise Risk Management	The organization pursues improvement of enterprise risk management.
Information, Communication and Reporting	18. Leverages Information Systems	The organization leverages the entity's information and technology systems to support enterprise risk management.
	19. Communicates Risk Information	The organization uses communication channels to support enterprise risk management.
	20. Reports on Risk, Culture, and Performance	Reports on Risk, Culture, and Performance—The organization reports on risk, culture, and performance at multiple levels and across the entity.

Tab. 3.1 Komponenten und Prinzipien des COSO ERM Framework 2017[62]

Ein häufiges Missverständnis in der Praxis ist, dass Kontrollziele und vor allem Maßnahmen nur im COSO-Gliederungspunkt 3, also „Performance" erarbeitet werden. Wenn es um die eigentliche Dienstleistung wie z. B. einen Rechenzentrumsbetrieb geht, enthält der Punkt „Performance" natürlich die konkreten Maßnahmen zur Sicherstellung der IT-Sicherheit.

Praxistipp:
Bei der Bewertung der dienstleistungsbezogenen Kontrollen ist es in des auch notwendig, die Maßnahmen im weiteren Sinn zu betrachten. Das sind Maßnahmen, die nicht direkt, sondern indirekt mit der Dienstleistung verknüpft sind, aber dennoch notwendig sind, damit der Dienstleister auch dauerhaft in der Lage ist, die Services zu erbringen.

Für die restlichen vier COSO-Punkte sollten also ebenso Maßnahmen herausgestellt werden. Für den Bereich „Governance and Culture" sind z. B. umfangreiche Richtlinien, Policies und Strategien auf Dienstleistungsun-

62 2017-COSO-ERM-Integrating-with-Strategy-and-Performance-Executive-Summary.pdf (https://www.coso.org/Documents/2017-COSO-ERM-Integrating-with-Strategy-and-Performance-Executive-Summary.pdf; Download 31.08.2017)

ternehmensebene zu implementieren. Auch im Bereich der Personalpolitik sollten angemessene Maßnahmen hinsichtlich Auswahlverfahren der Bewerber, Aus- und Fortbildung oder Sanktionsmechanismen eingerichtet sein.

Auch der gesamte Bereich der Risikoanalyse, das Fundament des dienstleistungsbezogenen internen Kontrollsystems (beim obigen COSO sind das die Bereiche „Strategy and Objective-Setting" und Teile von „Performance"), muss mit entsprechenden Maßnahmen wie regelmäßigen Risikoidentifikation und –bewertungen im Rahmen von bereichsübergreifenden Meetings belegt werden.

Auch der COSO-Punkt „Review and Revision" sollte konkrete Maßnahmen enthalten, die einem auslagernden Unternehmen deutlich machen, dass der Dienstleister sein eigenes internes Kontrollsystem regelmäßig auf den Prüfstand stellt und Verbesserungen vornimmt.

Zusammenfassend wird das COSO 2017-ERM-Modell in folgender Grafik veranschaulicht.

Abb. 14: Offizielle Grafik des COSO 2017 ERM Framework[63]

....

[63] 2017-COSO-ERM-Integrating-with-Strategy-and-Performance-Executive-Summary.pdf (https://www.coso.org/Documents/2017-COSO-ERM-Integrating-with-Strategy-and-Performance-Executive-Summary.pdf; Download 31.08.2017)

ITIL

Das Service Management Framework von IT Infrastructure Library (ITIL) stellt wohl eines der bekanntesten und am häufigsten angewandten Frameworks für IT-Prozesse dar. Es besteht aus einer Sammlung von Best Practice-Prozessen, nach denen sich ein IT-Dienstleistungsunternehmen ausrichten kann, um qualitativ hochwertige IT-Services erbringen zu können.[64]

Das ITIL Framework wurde von einer Regierungsbehörde in Großbritannien, der Central Computer and Telecommunications Agency (CCTA), in den 1980er Jahren entwickelt und umfasst mehr als 45 Bücher.[65] Die Unterteilung der Prozesse in verschiedene Bücher ist der Grund für die Bezeichnung „Library" (Bücherei).

Am 1. Juni 2007 ist die Version 3 des Frameworks veröffentlicht worden, die sich in der Struktur am Service-Lebenszyklus orientiert. 2011 erfolgte eine Aktualisierung in Form einer Gesamtausgabe aller Prozesse und Dokumente (Edition 2011). Die Inhalte und Gegenüberstellung der Version 3 mit der Edition 2011 sind in der folgenden Tabelle zusammengefasst.[66]

Publikation (Version 3 und Edition 2011)	Prozess/Funktion (Edition 2011)	Prozess/Funktion (Version 3)
Service Strategy (SS)	Strategy Management for IT Services	Strategy Generation
	Financial Management for IT Services	Financial Management
	Service Portfolio Management	Service Portfolio Management
	Demand Management	Demand Management
	Business Relationship Management	-

[64] Seit 2013 ist ITIL eine Schutzmarke von AXELOS, ein Joint Venture zwischen CAPITA (51 %) und Cabinet Office (49 %), siehe https://www.axelos.com/best-practice-solutions/itil
[65] Siehe S. 23 in: Introduction to ITIL: ITIL - The key to Management IT services, Van Haren Publishing 2005, ISBN 978-0113309732
[66] ITIL_2011_Summary_of_Updates_German.pdf https://www.tsoshop.co.uk/gempdf/ ITIL_2011_Summary_of_Updates_German.pdf; Download 29.01.2018)

Publikation (Version 3 und Edition 2011)	Prozess/Funktion (Edition 2011)	Prozess/Funktion (Version 3)
Service Design (SD)	Design Coordination	-
	Service Level Management	Service Level Management
	Service Catalogue Management	Service Catalogue Management
	Information Security Management	Information Security Management
	Supplier Management	Supplier Management
	IT Service Continuity Management	IT Service Continuity Management
	Availability Management	Availability Management
	Capacity Management	Capacity Management
Service Transition (ST)	Knowledge Management	Knowledge Management
	Change Management	Change Management
	Service Asset and Configuration Management	Service Asset and Configuration Management
	Transition Planning and Support	Transition Planning and Support
	Release and Deployment Management	Release and Deployment Management
	Service Validation and Testing	Service Validation and Testing
	Change Evaluation	Evaluation
Service Operation (SO)	Funktion: Service Desk	Funktion: Service Desk
	Funktion: TechnicalManagement	Funktion: TechnicalManagement
	Funktion: IT Operations Management	Funktion: IT Operations Management
	Funktion: Application Management	Funktion: Application Management
	Incident Management	Incident Management
	Request Fulfilment	Request Fulfilment
	Event Management	Event Management
	Access Management	Access Management
	Problem Management	Problem Management

Publikation (Version 3 und Edition 2011)	Prozess/Funktion (Edition 2011)	Prozess/Funktion (Version 3)
Continual Service Improvement (CSI)	The 7-Step Improvement Process	The 7-Step Improvement Process
	-	Service Reporting
	-	Measurement
	-	Business Questions for CSI
	-	Return on Investment for CSI

Tab. 3.2 Prozesse und Funktionen in ITIL Edition 2011 und ITIL Version 3

COBIT

COBIT steht für „Control Objectives for Information and Related Technology" und ist ein international anerkanntes Framework zur IT-Governance. Es wurde 1993 von der ISACA (Information Systems Audit and Control Association), einem internationalen Verband von IT-Prüfern, entwickelt und gliedert die Aufgaben der IT in Prozesse und Kontrollziele.

> **Hinweis:**
> Der Begriff „Control Objective" heißt übersetzt „Kontrollziel". CO-BIT ist eine große Sammlung von IT-Kontrollzielen, definiert also vorrangig, **was** umzusetzen ist. **Wie** die einzelnen Kontrollziele dann erfüllt werden, ist von den (Dienstleistungs-)Unternehmen individuell auszugestalten.

Das aktuelle COBIT-Modell ist das COBIT-5-Prozessreferenzmodell. Es definiert 37 Prozesse, welche in die folgenden fünf Domänen (eine Governance-Domäne und vier Management-Domänen) gruppiert sind:[67]

- Governance-Domäne „EDM - Evaluieren, Vorgeben und Überwachen" mit den Prozessen
  - ☐ EDM01 Sicherstellen der Einrichtung und Pflege des Governance-Rahmenwerks
  - ☐ EDM02 Sicherstellen der Lieferung von Wertbeiträgen
  - ☐ EDM03 Sicherstellen der Risiko-Optimierung
  - ☐ EDM04 Sicherstellen der Ressourcenoptimierung
  - ☐ EDM05 Sicherstellen der Transparenz gegenüber Anspruchsgruppen

---

[67] https://www.isaca.org/COBIT/Documents/Executive-Summary.pdf (Download 15.09.2017)

- Domäne „APO - Anpassen, Planen und Organisieren" mit den Prozessen
  - ☐ APO01 Managen des IT-Management-Rahmenwerks
  - ☐ APO02 Managen der Strategie
  - ☐ APO03 Managen der Unternehmensarchitektur
  - ☐ APO04 Managen von Innovationen
  - ☐ APO05 Managen des Portfolios
  - ☐ APO06 Managen von Budget und Kosten
  - ☐ APO07 Managen des Personals
  - ☐ APO08 Managen von Beziehungen
  - ☐ APO09 Managen von Servicevereinbarungen
  - ☐ APO10 Managen von Lieferanten
  - ☐ APO11 Managen der Qualität
  - ☐ APO12 Managen von Risiko
  - ☐ APO13 Managen der Sicherheit
- Domäne „BAI - Aufbauen, Beschaffen und Implementieren" mit den Prozessen
  - ☐ BAI01 Managen von Programmen und Projekten
  - ☐ BAI02 Managen der Definition von Anforderungen
  - ☐ BAI03 Managen von Lösungsidentifizierung und Lösungsbau
  - ☐ BAI04 Managen von Verfügbarkeit und Kapazität
  - ☐ BAI05 Managen der Ermöglichung organisatorischer Veränderungen
  - ☐ BAI06 Managen von Änderungen
  - ☐ BAI07 Managen der Abnahme und Überführung von Änderungen
  - ☐ BAI08 Managen von Wissen
  - ☐ BAI09 Managen von Betriebsmitteln
  - ☐ BAI10 Managen der Konfiguration
- Domäne „DSS - Bereitstellen, Betreiben und Unterstützen" mit den Prozessen
  - ☐ DSS01 Managen des Betriebs
  - ☐ DSS02 Managen von Serviceanfragen und Störungen
  - ☐ DSS03 Managen von Problemen
  - ☐ DSS04 Managen der Kontinuität
  - ☐ DSS05 Managen von Sicherheitsservices
  - ☐ DSS06 Managen von Geschäftsprozesskontrollen
- Domäne „MEA - Überwachen, Evaluieren und Beurteilen" mit den Prozessen
  - ☐ MEA01 Überwachen, Evaluieren und Beurteilen von Leistung und Konformität

☐ MEA02 Überwachen, Evaluieren und Beurteilen des internen Kontrollsystems

☐ MEA03 Überwachen, Evaluieren und Beurteilen der Compliance mit externen Anforderungen

ISO 27001 und BSI-Grundschutz

Der internationale Standard ISO/IEC 27001 „Information technology – Security techniques –Information security management systems – Requirements" spezifiziert die Anforderungen für Herstellung, Einführung, Betrieb, Überwachung, Wartung und Verbesserung eines dokumentierten Informationssicherheits-Managementsystems (ISMS) unter Berücksichtigung der IT-Risiken, denen in der Version 2013 (ISO/IEC 27001:2013) mit 114 Maßnahmen (Referenzmaßnahmen und Ziele) begegnet werden soll.[68] Diese Maßnahmen sind in 14 Kategorien unterteilt:[69]

1. Informationssicherheitsrichtlinien
2. Organisation der Informationssicherheit
3. Personalsicherheit
4. Verwaltung der Werte
5. Zugangssteuerung
6. Kryptographie
7. Physische und umgebungsbezogene Sicherheit
8. Betriebssicherheit
9. Kommunikationssicherheit
10. Anschaffung, Entwicklung und Instandhalten von Systemen
11. Lieferantenbeziehungen
12. Handhabung von Informationssicherheitsvorfällen
13. Informationssicherheitsaspektebeim Business Continuity Management
14. Compliance

---

[68] Die Deutsche Norm des ISO/IEC 27001:2013 ist die DIN ISO 27001:2015
[69] DIN ISO 27001:2015, Anhang A: A5-A18

Abb. 15: Beispiel eines ISO27001-Zertifikats

Hinweis:

Die Aussagekraft und die Verwertbarkeit eines ISO 27001-Zertifikats, ist ab und zu eingeschränkt. Insbesondere dann, wenn der Scope nicht hinreichend beschrieben ist oder kein ausführlicher Prüfungsbericht beiliegt, aus dem die einzelnen Prüfungshandlungen hervorgehen. Ein ISO 27001-Zertifikat kann auch schon bei kleinem Scope ausgestellt werden.

Eine deutsche Interpretation der ISO27001 führt in Deutschland unter anderem das Bundesamt für Sicherheit in der Informationstechnik (BSI) in Bonn durch. Das BSI stellt zahlreiche Werkzeuge zur Verfügung, um ein angemessenes Sicherheitsniveau in der IT zu erreichen. Dazu gehören die BSI-Standards zum Informationssicherheitsmanagement (100-1 bis 100-4) und die IT-Grundschutz-Kataloge. Die IT-Grundschutz-Kataloge beinhalten die Baustein-, Maßnahmen- und Gefährdungskataloge.

Hinweis:
Die BSI-Standards sowie die IT-Grundschutz-Kataloge stellen zusammen einen De-Facto-Standard für IT-Sicherheit dar, an dem sich viele IT-Dienstleister, insbesondere Betreiber von Rechenzentren anlehnen.

3.2.2.4 Vom Dienstleistungsunternehmen selbst entwickelte Kriterien

Neben den rechtlichen/regulatorischen und den themen-, branchen- und industriespezifischen Kriterien gibt es auch die Möglichkeit, dem internen Kontrollsystem selbst entwickelte Kriterien zugrunde zu legen. Meist geht es hier um die vertragliche Leistungserfüllung des Dienstleistungsunternehmens, also um die Vereinbarungen in den SLA (Service Level Agreements). Beispiele für vom Dienstleistungsunternehmen selbst entwickelte Kriterien können sein:[70]

- Zufriedenheit von Kunden mit den erbrachten Dienstleistungen
- Zugesagte Reaktionszeiten bei Schadens- oder Fehlermeldungen
- Einhaltung von Zielen zur Reduktion von CO_2-Emissionen

Vom Dienstleistungsunternehmen selbst entwickelte Kriterien müssen die folgenden Anforderungen erfüllen:[71]

---

[70] IDW PS 951 n.F., Tz 49
[71] IDW PS 951 n.F., Tz 50

Anforderung	Inhalt
Relevanz	Kriterien müssen für die Beurteilung des dienstleistungsbezogenen internen Kontrollsystems des Dienstleistungsunternehmens und für die Entscheidungsfindung maßgebend sein.
Vollständigkeit	Kriterien sind vollständig, wenn keine für die Beurteilung des dienstleistungsbezogenen internen Kontrollsystems des Dienstleistungsunternehmens und für die Entscheidungsfindung wesentlichen Gesichtspunkte ausgeklammert wurden.
Verlässlichkeit	Verlässlichkeit bedeutet, dass die Kriterien eine konsistente und nachvollziehbare Beurteilung des dienstleistungsbezogenen internen Kontrollsystems des Dienstleistungsunternehmens zulassen.
Neutralität	Kriterien sind neutral, wenn sie eine objektive Beurteilung des dienstleistungsbezogenen internen Kontrollsystems des Dienstleistungsunternehmens sicherstellen.

Tab. 3.3 Anforderungen an selbstentwickelte US-Kriterien

Hinweis:

In der Praxis sind selbst entwickelte Kriterien selten anzutreffen. Insbesondere sollte sich ein dienstleistungsbezogenes internes Kontrollsystem nicht ausschließlich auf selbst entwickelte Kriterien stützen. Rechtliche/regulatorische oder themen-, branchen- oder industriespezifische Kriterien sollten den Schwerpunkt bilden.

3.2.3 Korrespondierende Kontrollen

Beide internen Kontrollsysteme, das des auslagernden Unternehmens und das des Dienstleisters, sollen nahtlos ineinandergreifen, um die existierenden Risiken bestmöglich beherrschen zu können. Doch vielfach lässt sich kein gerader Schnitt zwischen beiden Sphären und den jeweiligen Maßnahmen machen. Vielmehr ist das Dienstleistungsunternehmen nicht ohne die Unterstützung des auslagernden Unternehmens in der Lage, seine eigenen Maßnahmen ausreichend durchzuführen. In solchen Fällen sind sog. korrespondierende Kontrollen notwendig, die beide Sphären miteinander verzahnen. Dabei handelt es sich um Maßnahmen, die das auslagernde Unternehmen selbst durchführt, damit das interne Kontrollsystem beim Dienstleistungsunternehmen seine Wirksamkeit voll entfalten kann und die Kontrollziele erreicht werden können.

Hinweis:
Der Dienstleister hat seine Maßnahmen implementiert, kann sie aber ohne die Unterstützung des auslagernden Unternehmens nicht voll-

ständig und angemessen durchführen. Umso wichtiger ist es, dass beide IKS aufeinander abgestimmt sind und das auslagernde Unternehmen seine Pflichten in Form der korrespondierenden Kontrollen kennt. Deshalb müssen diese auch Pflichtbestandteil der Beschreibung des dienstleistungsbezogenen Kontrollsystems sein.

Beispiel:

Als Beispiel kann die Benutzeradministration in einer Anwendung (z. B. ERP-System) angeführt werden. Führt das Dienstleistungsunternehmen die Benutzerverwaltung durch, so hat es in der Regel keine Informationen darüber, welche Benutzerkonten aufgrund des Ausscheidens eines Mitarbeiters des auslagernden Unternehmens zu deaktivieren sind. Im IKS des auslagernden Unternehmens muss es dazu nun eine korrespondierende Kontrolle geben, die sicherstellt, dass beim Ausscheiden eines Mitarbeiters der Dienstleister zeitnah informiert wird.[72]

Ein weiteres gängiges Beispiel betrifft Änderungen an den eingesetzten rechnungslegungsrelevanten Systemen und zeigt, wie sehr die Verzahnung beider Sphären sein kann: Beim auslagernden Unternehmen entsteht der Bedarf, das System um bestimmte Funktionalitäten zu erweitern. Es richtet einen sog. Change Request, also eine Änderungsanfrage, an den Dienstleister. Dieser nimmt die entsprechenden Änderungen vor und spielt sie ins Produktivsystem ein. Welche korrespondierenden Kontrollen entfallen nun auf das auslagernde Unternehmen, um das Kontrollziel mit einem strukturierten Änderungsprozess inkl. Test und Freigabe zu erreichen?

- Korrespondierende Kontrolle 1: Das auslagernde Unternehmen muss dafür Sorge tragen, dass nur bestimmte Personen einen Change Request an den Dienstleister richten können. Oftmals geht mit einem Change Request auch die erforderliche Genehmigung zur Umsetzung ein, weshalb qualifizierte Mitarbeiter vom Unternehmen benannt sein sollten. Im Idealfall geht dem Change Request auf Seiten des auslagernden Unternehmens eine Projektplanung voraus.
- Korrespondierende Kontrolle 2: Das auslagernde Unternehmen hat ausreichend geschulte Mitarbeiter und Ressourcen bereitzustellen,

---

[72] Vgl. Beispiele in Riedel/Campe 2017, S. 804-805

um die umgesetzten Änderungen zunächst einem angemessenen Test zu unterziehen. Es muss also ein standardisiertes Testvorgehen beim auslagernden Unternehmen implementiert sein.

■ Korrespondierende Kontrolle 3: Zu guter Letzt sollte eine Freigabe erfolgen, bevor die Änderungen tatsächlich produktiv werden. Dazu muss auf Seiten des auslagernden Unternehmens ein entsprechender Prozess mit der verantwortlichen Person definiert sein.

3.2.4 Einsatz von Subdienstleistern

Es kommt in der Praxis sehr häufig vor, dass der Dienstleister seinerseits wichtige Teile der Serviceerbringung an weitere Dienstleister (Subdienstleister) ausgelagert hat. Gerade bei Managed Services (siehe Abschnitt 2.1.3) übernimmt der Dienstleister die Verwaltung der IT-Systeme, die wiederum bei einem oder sogar mehreren Subdienstleistern in deren Rechenzentren gehostet werden.

Hinweis: **i**
Liegt dem auslagernden Unternehmen die Beschreibung des dienstleistungsbezogenen internen Kontrollsystems vor, so ist explizit darauf zu achten, ob weitere Subdienstleister an der Serviceerbringung beteiligt sind. Wichtig ist dies deshalb, weil die Beschreibung nur selten das interne Kontrollsystem des Subdienstleisters enthält und eine Gesamtschau über das IKS erschwert.

In diesem Zusammenhang sind zwei Konstellationen möglich: Die „Inclusive Methode" oder die „Carve-Out-Methode".

Inclusive Methode

Bei der Inclusive Methode umfasst die Beschreibung des dienstleistungsbezogenen internen Kontrollsystems auch die Art und den Umfang der Dienstleistungen sowie die relevanten Kontrollziele und Maßnahmen des Subdienstleisters. Insofern liefert die Inclusive Methode eine Gesamtschau über das dienstleistungsbezogene interne Kontrollsystem beim Dienstleistungsunternehmen und dessen Subdienstleistungsunternehmen.[73]

....

[73] IDW PS 951 n.F., Tz. 26

Praxistipp:
Die Inclusive Methode ist in der Praxis selten anzutreffen. Grund ist häufig, dass das Dienstleistungsunternehmen gar nicht die detaillierte Kenntnis über das Sub-IKS hat und ungern den Anschein aus haftungsrechtlicher Sicht erweckt, er sei für alle Maßnahmen verantwortlich. Um einen umfassenden Überblick über das gesamte IKS zu erhalten, sollte das auslagernde Unternehmen auch vom Subdienstleister eine adäquate Beschreibung eines sub-dienstleistungsbezogenen internen Kontrollsystems einfordern.

Carve-Out-Methode
In der Praxis trifft man überwiegend auf die Carve-out Methode. Dabei enthält die Beschreibung des Dienstleistungsunternehmens auch tatsächlich nur sein dienstleistungsbezogenes internes Kontrollsystem. Eine Darstellung der Kriterien, Kontrollziele und Maßnahmen des Subdienstleistungsunternehmens erfolgt nicht.

Praxistipp:
Für das Dienstleistungsunternehmen ist es in diesem Falle erforderlich, sein dienstleistungsbezogenes internes Kontrollsystem um Maßnahmen zu ergänzen, die den Subdienstleister in angemessener Weise überwachen. In der Praxis ist es üblich, den Subdienstleister in ein kontinuierliches Monitoring zu nehmen, um bspw. die Anbindung ans Rechenzentrum und die versprochene Bandbreite, aber auch die Vollständigkeit der bearbeiteten und rückgemeldeten Daten zu überwachen. Ebenso sollte sich der Dienstleister ein Prüfrecht beim Subdienstleister einräumen lassen, um regelmäßig Prüfungen vor Ort vornehmen zu können.

3.2.5   Berichterstattung über das dienstleistungsbezogene interne Kontrollsystem

3.2.5.1   Bedarf und Inhalt einer Berichterstattung

In einer Abschlussprüfung sieht sich der Abschlussprüfer immer häufiger mit Auslagerungen von Prozessen und Funktionen durch das zu prüfende Unternehmen konfrontiert. Die Einhaltung der rechtlichen Anforderungen, insbesondere der Sicherheits- und Ordnungsmäßigkeitskriterien (siehe dazu 2.2) verbleibt beim zu prüfenden (auslagernden) Unternehmen. Dennoch benötigt der Abschlussprüfer im Rahmen seines risikoorientierten

Prüfungsansatzes einen Einblick über das existierende interne Kontrollsystem, das sich bei Auslagerung auf mindestens zwei Parteien, das auslagernde und das Dienstleistungsunternehmen, verteilt.

Während der Abschlussprüfer direkten Zugang zum internen Kontrollsystem des auslagernden Unternehmens hat, gestaltet sich der Zugang zu dem des Dienstleistungsunternehmens oftmals schwierig. Eine große räumliche Distanz, eine hohe Komplexität der Prozesse beim Dienstleister oder mangelnde Prüfungsbereitschaft sowie Ressourcenengpässe beim Dienstleister machen eine Prüfung vor Ort schwierig.

Hinweis:
Dieser Umstand lässt sich lösen, wenn das Dienstleistungsunternehmen eine Dokumentation resp. eine Beschreibung seines dienstleistungsbezogenen internen Kontrollsystems herausgibt und sie dem auslagernden Unternehmen und dessen Abschlussprüfer zur Verfügung stellt.

Die Beschreibung des internen Kontrollsystems alleine reicht dem Abschlussprüfer zwar aus, um Kenntnis davon zu erlangen und einen Überblick über die einzelnen Maßnahmen zu erhalten. Auch ist er damit in der Lage zu beurteilen, ob die angegebenen Maßnahmen nahtlos in das interne Kontrollsystem seines auslagernden Unternehmens passen. Ihm fehlen jedoch zwei wesentliche Erkenntnisse: Die Beschreibung alleine gibt ihm keine Bestätigung, ob die dargestellten Maßnahmen tatsächlich vorhanden und eingerichtet sind. Und er hat nicht die Gewissheit, dass die dargestellten Maßnahmen – sofern implementiert – auch wirklich durchgängig funktionieren, also wirksam sind. Daher hat der Dienstleister die Möglichkeit, die Beschreibung seines dienstleistungsbezogenen internen Kontrollsystems durch einen unabhängigen Wirtschaftsprüfer eingehend prüfen zu lassen.

Hinweis:
Das Institut der Wirtschaftsprüfer hat hierzu den Prüfungsstandard 951 („Die Prüfung des internen Kontrollsystems bei Dienstleistungsunternehmen", IDW PS 951 n. F.) herausgegeben, der Grundlage einer solchen Berichterstattung ist. Internationales Pendant und Vorlage des IDW PS 951 ist der ISAE 3402 („Assurance Reports on Controls at a Service Organization").

Der Wirtschaftsprüfer erstellt damit eine Berichterstattung, die eine Bescheinigung mit folgenden grundlegenden Aussagen enthält:[74]

- Die zur Ausgestaltung des dienstleistungsbezogenen internen Kontrollsystems des Dienstleistungsunternehmens zugrunde gelegten Kriterien
  einschließlich der aus diesen abgeleiteten Kontrollziele sind für den vorgesehenen Anwendungszweck (also die Dienstleistung) geeignet und in
  der Beschreibung des IKS sachgerecht dargestellt.
- Die IKS-Beschreibung durch das Dienstleistungsunternehmen stellt die
  tatsächliche Ausgestaltung und Einrichtung des dienstleistungsbezogenen internen Kontrollsystems zum zu prüfenden Zeitpunkt (Berichterstattung vom Typ 1, siehe nachfolgend) bzw. während des zu prüfenden
  Zeitraums (Berichterstattung vom Typ 2, siehe nachfolgend) sachgerecht
  dar.
- Die in der IKS-Beschreibung dargestellten Kontrollen sind zu dem zu
  prüfenden Zeitpunkt (Berichterstattung vom Typ 1) bzw. während des
  zu prüfenden Zeitraums (Berichterstattung vom Typ 2) angemessen ausgestaltet.
- Die in der IKS-Beschreibung dargestellten Kontrollen (nur bei Berichterstattung vom Typ 2) sind während des zu prüfenden Zeitraums wirksam.

Hinweis:
Dienstleistungsunternehmen wissen um die Bedeutung solcher Be-
scheinigungen und gehen immer mehr dazu über, ihr IKS einer
entsprechenden Prüfung zu unterziehen. Schließlich ist eine solche
Bescheinigung auch ein perfektes Marketinginstrument, um neue
Kunden von einem hochwertigen IKS zu überzeugen.

Neben der Bescheinigung wichtigster und auch zwingender Bestandteile
der Berichterstattung ist die Beschreibung des dienstleistungsbezogenen
internen Kontrollsystems. Diese muss insbesondere beinhalten:

- eine verständliche Darstellung der einzelnen Verfahren und Prozesse,
  mit denen die Dienstleistung erbracht wird,
- die zugrunde gelegten Kriterien (siehe 3.2.2),
- die darauf abgeleiteten Kontrollziele (siehe 3.2.1),
- die zu ihrer Einhaltung eingerichteten Kontrollen sowie
- die ebenfalls zu ihrer Einhaltung durchzuführenden korrespondierenden
  Kontrollen (siehe 3.2.3).

....

[74] Vgl. IDW PS 951 n. F., Tz. 11

Sofern auf Sub-Dienstleister zurückgegriffen wird, muss auch dies unter Nennung des Carve-Out- oder der Inclusive Methode dargestellt werden.

Hinweis: **i**

Nur wenn beide Teile, die Beschreibung (inkl. einer Erklärung des Managements) und die Bescheinigung, im Rahmen der Berichterstattung vorliegen, ist ein umfassendes Verständnis und ein transparenter Einblick in das interne Kontrollsystem für den Abschlussprüfer möglich.

3.2.5.2   Berichterstattung vom Typ 1

Die Bescheinigung des Wirtschaftsprüfers des Dienstleistungsunternehmens wird mit dem Ziel erstellt, hinreichende Sicherheit für die Angemessenheit des dienstleistungsbezogenen internen Kontrollsystems zu vermitteln. Es enthält ein Urteil des Wirtschaftsprüfers, ob

- die zur Ausgestaltung des dienstleistungsbezogenen internen Kontrollsystems des Dienstleistungsunternehmens zugrunde gelegten Kriterien und die daraus abgeleiteten Kontrollziele geeignet sind,
- die IKS-Beschreibung die tatsächliche Ausgestaltung und Einrichtung des dienstleistungsbezogenen internen Kontrollsystems zum Prüfungszeitpunkt sachgerecht darstellt und
- die in der IKS-Beschreibung dargestellten Kontrollen zur Erzielung der dargestellten Kontrollziele zum Prüfungszeitpunkt angemessen ausgestaltet sind.[75]

Bei der Berichterstattung vom Typ 1 wird die Prüfung des dienstleistungsbezogenen internen Kontrollsystems auf einen bestimmten Stichtag bezogen. Der Wirtschaftsprüfer muss sich für diesen Zeitpunkt davon überzeugen, dass die Maßnahmen eingerichtet sind.

Beispiel:

Dies soll an einem Beispiel erläutert werden: Der Dienstleister hat eine Maßnahme eingerichtet, mit der die betreuten Server der Kunden einer ständigen Überwachung unterworfen sind (Maßnahme), um bei einem Überschreiten von bestimmten Schwellwerten rechtzeitig reagieren zu können (Kontrollziel). Mittels Monitoring-Software werden dafür Verfügbarkeiten, Kapazitäten und Performance überwacht. Der Wirtschaftsprüfer hat sich in diesem Zusammenhang davon zu

---

[75]   IDW PS 951, Tz. 113

überzeugen, dass die Monitoring-Software zum Zeitpunkt der Prüfung tatsächlich im Einsatz ist und auch die besagten Kriterien überwacht. Eine Aussage, ob das Monitoring durchgängig für einen längeren Zeitpunkt stattgefunden hat, trifft er nicht.

i

Hinweis:
Es ist zu beachten, dass die Verwertung von Berichterstattungen vom Typ 1 für die Abschlussprüfung nur eingeschränkt möglich ist, da diese keine Prüfungsaussagen über die Wirksamkeit der Kontrollen enthalten und folglich für den Abschlussprüfer des auslagernden Unternehmens nur eine eingeschränkte Prüfungssicherheit ermöglichen.[76]

3.2.5.3 Berichterstattung vom Typ 2

Ergänzend zu den beim Typ 1 bescheinigten Punkten kommt bei einer Berichterstattung vom Typ 2 auch eine Aussage bezüglich der Wirksamkeit der Kontrollen über einen bestimmten Zeitraum hinzu. Die Bescheinigung enthält also das Urteil, ob

- die zur Ausgestaltung des dienstleistungsbezogenen internen Kontrollsystems des Dienstleistungsunternehmens zugrunde gelegten Kriterien und daraus abgeleiteten Kontrollziele geeignet sind,
- die IKS-Beschreibung die tatsächliche Ausgestaltung und Einrichtung des dienstleistungsbezogenen internen Kontrollsystems im Prüfungszeitraum sachgerecht darstellt,
- die in der IKS-Beschreibung dargestellten Kontrollen zur Erzielung der dargestellten Kontrollziele im Prüfungszeitraum angemessen ausgestaltet sind,
- die geprüften Kontrollen, die notwendig sind, um hinreichende Sicherheit zu erzielen, dass die in der IKS-Beschreibung dargestellten Kontrollziele erreicht wurden, im geprüften Zeitraum wirksam sind.[77]

Die Beurteilung der Wirksamkeit bezieht sich also einerseits auf die Durchführung der Maßnahme an sich, andererseits wird damit aber auch festgestellt, ob das Kontrollziel während des Zeitraums erreicht wurde.

....

[76] IDW PS 951, Tz. 17
[77] IDW PS 951, Tz. 113

Beispiel:

Für unser oben angeführtes Beispiel zum Monitoring bedeutet dies, dass der Wirtschaftsprüfer sich nun zusätzlich davon überzeugen muss, dass das Monitoring durchgängig im Prüfungszeitraum die Server überwacht hat. Eine Prüfung vergangenheitsorientierter Ereignisse ist nur möglich, wenn entsprechende Nachweise vorhanden sind. In diesem Fall könnte sich der Wirtschaftsprüfer vorhandene Logfiles ansehen. Aus diesen sollte für den Prüfungszeitraum lückenlos hervorgehen, dass die Überwachung stattgefunden hat. In der Praxis werden solche Ereignisse oft auch grafisch dargestellt. Anhand eines solchen Schaubilds lassen sich Unterbrechungen im Prüfungszeitraum meist schnell identifizieren. Zusätzlich sollte sich der Wirtschaftsprüfer auch durch Nachvollzug vorhandener Warnungen des Monitoring-Systems im Prüfungszeitraum von der Wirksamkeit des Meldewesens überzeugen.

Hinweis:

Dienstleistungsunternehmen beginnen meist mit einer Typ-1-Prüfung, um zumindest das Vorhandensein angemessener Kontrollen nachweisen zu können. Bei der nachfolgenden Prüfung (Typ 2), die üblicherweise ein Jahr später stattfindet, um das vergangene Jahr abzudecken, ist in der Praxis oft festzustellen, dass der Dienstleister vom Wirtschaftsprüfer nicht ausreichend auf die Nachweiserbringung im Zeitraum vorbereitet wurde und entsprechende Nachweise nicht oder nicht über den gesamten Zeitraum erbracht werden können (weil z. B. im obigen Beispiel die Logfiles schon nach drei Monaten gelöscht worden sind). Dennoch muss dieser Umstand in der Berichterstattung des Wirtschaftsprüfers transparent kommuniziert werden.

3.2.5.4   Vergleich Berichterstattung nach IDW PS 951 n.F. und ISAE 3402

Dienstleistungsunternehmen, die ihr dienstleistungsbezogenes IKS einer Prüfung unterziehen lassen, machen dies häufig unter der Anwendung des ISAE 3402. Das ist das internationale Pendant, von dem der IDW PS 951 n.F. abgeleitet wurde. Beide Prüfungen haben den gleichen Prüfungsgegenstand, die Beschreibung des dienstleistungsbezogenen Kontrollsystems zusammen mit den in der Beschreibung dargestellten Kontrollen und Kontrollzielen auf Basis einer vom Management abgegebenen schriftlichen Erklärung. Auch das Ziel der Prüfung (wie oben zu Typ 1 und Typ 2 dargestellt) ist identisch.

Dennoch gibt es Unterschiede zwischen den beiden Standards. Der bedeutendste ist wohl die geografische Reichweite. Während der IDW PS 951 n.F. eher für Dienstleistungsunternehmen Anwendung findet, die in Deutschland sitzen und auch für dort ansässige Unternehmen tätig sind, entfaltet der ISAE 3402 internationalen Charakter. Überdies gibt es in vielen Ländern entsprechende Pendants zum ISAE 3402 mit entsprechendem Lokalisierungscharakter.

Der ISAE 3402 behandelt zudem die Kriterien, die zugrunde zu legen sind, nur allgemein. Der IDW PS 951 n.F. lässt es sich nicht nehmen, die Kriterien in Beispielen zu konkretisieren (siehe 3.2.2) und vor allem deutlich zu machen, dass bei Dienstleistungen im rechnungslegungsrelevanten Umfeld zwingend die Grundsätze ordnungsmäßiger Buchführung (inkl. Ordnungsmäßigkeit und IT-Sicherheit) anzuwenden sind.

Hinweis:
Nicht immer stehen bei einer erbrachten Dienstleistung die Ordnungsmäßigkeitskriterien im Vordergrund (siehe 2.2.2). Insbesondere dann nicht, wenn die Dienstleistung nicht direkt mit der Verarbeitung rechnungslegungsrelevanter Daten befasst ist, sondern nur z. B. mit dem Hosting von Servern. Die erforderlichen IT-Sicherheitskriterien sind dann nicht unbedingt aus den Normen den HGB abzuleiten, da andere Kriterienkataloge wie ISO27001[78] oder COBIT auf die gleichen Kontrollziele (Verfügbarkeit usw.) hinauslaufen. Für den Abschlussprüfer macht es in solchen Fällen im Rahmen der Verwertbarkeit der Berichterstattung keinen Unterschied, ob sie nach IDW PS 951 n.F. oder ISAE 3402 erstellt wurde.

Weitere marginale Unterschiede zwischen dem IDW PS 951 n.F. und dem ISAE 3402 ergeben sich aus dem Berichtsaufbau. Der IDW PS 951 n.F. macht genaue Vorgaben dazu, während der ISAE 3402 nur Mindestbestandteile vorschreibt.[79] Die Tabelle zeigt die Gemeinsamkeiten und Unterschiede beider Berichte:

---

[78] Inwieweit sich z. B. die ISO 27001 und die Sicherheitskriterien der GoB überlagern, kann den Mappingtabellen wie dem ISACA-Leitfaden und Nachschlagewerk IDW PS 330 ‹› DIN ISO/IEC 27001 Referenztabelle von 2011 entnommen werden.

[79] ISAE 3402.53

IDW PS 951 n.F. Berichtsaufbau Tz. 104	ISAE 3402 Mindestinhalte ISAE 3402.53
– Auftrag und Auftragsdurchführung	– A) Bescheinigung
– Prüfungsurteil über die Prüfung des dienstleistungsbezogenen internen Kontrollsystems	– B) Schriftliche Erklärung der gesetzlichen Vertreter des Dienstleistungsunternehmens
– Anhang 1: Bescheinigung	– C) Beschreibung des dienstleistungsbezogenen internen Kontrollsystems durch die gesetzlichen Vertreter des Dienstleistungsunternehmens
– Anhang 2: Beschreibung des dienstleistungsbezogenen internen Kontrollsystems durch die gesetzlichen Vertreter des Dienstleistungsunternehmens	
	– D) Darstellung der durchgeführten Prüfungshandlungen einschließlich der Kontrollziele und geprüften Kontrollen
– Anhang 3: Darstellung der durchgeführten Prüfungshandlungen einschließlich der Kontrollziele und geprüften Kontrollen	– Sonstige Informationen durch die gesetzlichen Vertreter des Dienstleistungsunternehmens
– Anhang 4: schriftliche Erklärung der gesetzlichen Vertreter des Dienstleistungsunternehmens	
– Anhang 5: Sonstige Informationen durch die gesetzlichen Vertreter des Dienstleistungsunternehmens	
– Zusätzlich kann als weiterer Anhang die Vollständigkeitserklärung beigefügt werden.	

Tab. 3.4 Vergleich des Berichtsaufbaus des IDW PS 951 n.F. mit ISAE 3402

4 Vorgehen des Abschlussprüfers in Auslagerungsfällen

4.1 Grundsätzliche Überlegungen

Werden rechnungslegungsrelevante Prozesse und Funktionen ausgelagert, verbleibt die Verantwortung für deren Ordnungsmäßigkeit und Sicherheit beim auslagernden Unternehmen. Der Abschlussprüfer hat den Sachverhalt also in seiner Beurteilung zu berücksichtigen und die ausgelagerten Prozesse und Funktionen in seinen Prüfungsansatz einzubeziehen. Unter Anwendung des risikoorientierten Prüfungsansatzes ist ein Verständnis über das interne Kontrollsystem des auslagernden Unternehmens ein entscheidender Faktor, da sich im Auslagerungsfall das zu betrachtende interne Kontrollsystem um das dienstleistungsbezogene grundsätzlich erweitert. Zunächst muss der Abschlussprüfer aber verstehen, welche Prozesse und Funktionen überhaupt ausgelagert wurden, um ein Verständnis des für die Abschlussprüfung relevanten internen Kontrollsystems zu erlangen.

Praxistipp:
Es ist bereits die erste Hürde für einen Abschlussprüfer festzustellen, ob bestimmte Prozesse und Funktionen ausgelagert sind. Während dies bei hauptbuchnahen Prozessen wie z. B. einer ausgelagerten Lohnbuchhaltung schnell auffällt (spätestens bei Rückfragen zum Buchungsstoff), ist dies bei unterstützenden Prozessteilen wie z. B. einer ausgelagerten Rechnungseingangsverarbeitung schon schwieriger. Noch anspruchsvoller ist die Identifikation von Diensten wie SaaS, PaaS oder IaaS. Die Frage nach einer Auslagerung rechnungslegungsrelevanter Funktionen muss deshalb zwingend vom Abschlussprüfer im Rahmen des Know-Your-Client in allen Abteilungen, auch und gerade in der IT-Abteilung gestellt werden.

Ist der Abschlussprüfer zu der Erkenntnis gelangt, dass die ausgelagerten Prozesse für die Rechnungslegung relevant sind, bedeutet das aber noch nicht in jedem Fall, dass zwingend das dienstleistungsbezogene interne Kontrollsystem auch in die Prüfung mit einbezogen werden muss. Zunächst sollte der Abschlussprüfer daher die Ausgestaltung der relevanten internen Kontrollen beim auslagernden Unternehmen beurteilen, die mit den ausgelagerten Dienstleistungen im Zusammenhang stehen. Hat das auslagernde Unternehmen selbst bereits angemessene und wirksame Maßnahmen eingerichtet, die dem Abschlussprüfer ausreichende Sicherheit für den ausgelagerten Prozess geben, so ist die eine eingehende Prüfung des dienstleistungsbezogenen IKS vielleicht gar nicht mehr notwendig.

Beispiel:

Es handelt sich bei solchen Maßnahmen meist um Überwachungsvorgänge seitens des auslagernden Unternehmens, die den ausgelagerten Prozess wie eine Klammer umschließen. Werden z. B. Fakturavorgänge ausgelagert (Erstellung und Versand von Ausgangsrechnungen), so wird das auslagernde Unternehmen die an den Dienstleister übergebenen Fakturadatensätze in einer eigenen Datenbank halten. Nachdem der Dienstleister die Erstellung und den Versand abgeschlossen hat, gibt er für jede Rechnung (oder auch als Tagesstapel) eine Rückmeldung an das auslagernde Unternehmen zurück, die wiederum in der Datenbank jeden Fakturadatensatz ausziffert (mit einem „Flag" versieht) und daraufhin die Umsatzerlösverbuchung auslöst. Überwacht das auslagernde Unternehmen also aus- und eingehende Datensätze und lässt sich überfällige Rückmeldungen in einem eigenen Warnsystem ausgeben, so hat der Abschlussprüfer hinsichtlich der Vollständigkeit des Prozesses (der Rechnungen) damit meist schon genug Sicherheit erlangt. Die Prozesse beim Dienstleistungsunternehmen sind daher ggf. von untergeordneter Bedeutung.

Kann der Abschlussprüfer keine ausreichende Sicherheit aus den Überwachungsmaßnahmen beim auslagernden Unternehmen gewinnen oder gibt es schlicht keine angemessenen Überwachungsmaßnahmen, so muss er im Rahmen seiner Prüfungshandlungen anders vorgehen:

- Als Prüfungsnachweis kann der Abschlussprüfer im Idealfall eine Berichterstattung vom Typ 1 oder 2 nach IDW PS 951 n.F. oder nach vergleichbaren Standards (z. B. ISAE 3402, SSAE 18) verwenden.
- Liegt ein solcher nicht vor, muss er den Dienstleister in seine Prüfungshandlungen einbeziehen. Zunächst bietet es sich an, über die ausgelagerten Prozesse und Funktionen beim Dienstleister weitere Informationen, Unterlagen, Dokumente oder vielleicht auch Nachweise anzufordern. Reichen diese für ein Verständnis der Prozesse und die nötige Sicherheit nicht aus, so hat der Abschussprüfer eigene Prüfungshandlungen beim Dienstleister vor Ort durchzuführen. Kann er aufgrund mangelnder Expertise oder Ressourcenrestriktionen nicht selbst tätig werden, so kann es sachgerecht sein, dass er einen sachverständigen fremden Dritten beauftragt, um entsprechende Prüfungshandlungen durchzuführen.

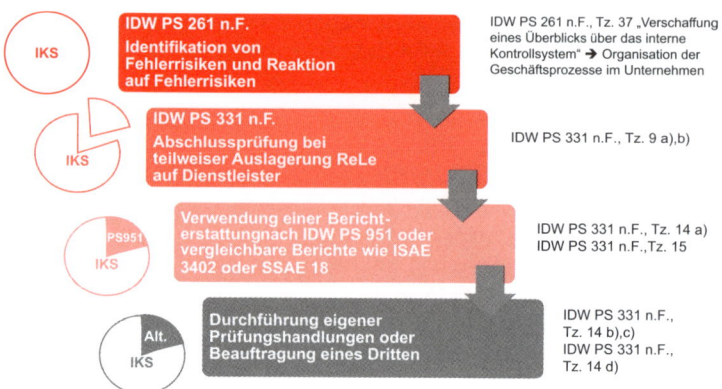

Abb. 16: Vereinfachte Darstellung des Vorgehens des Abschlussprüfers in Auslagerungsfällen[80]

4.2   Planung der Abschlussprüfung bei Auslagerung

4.2.1   Zielsetzung der Abschlussprüfung

Eine Abschlussprüfung ist darauf auszurichten, dass die Prüfungsaussagen mit hinreichender Sicherheit getroffen werden können. Zu diesem
Zweck muss das Risiko der Abgabe eines positiven Prüfungsurteils trotz
vorhandener Fehler in der Rechnungslegung auf ein akzeptables Maß
reduziert werden.

Das Management, d. h. die gesetzlichen Vertreter und andere Führungs-
kräfte, reagiert üblicherweise durch die Ausgestaltung eines wirksamen
internen Kontrollsystems auf die bestehenden Fehlerrisiken.[81] Bei einem
weniger wirksamen internen Kontrollsystem steigt das Fehlerrisiko. Der
Abschlussprüfer muss in solchen Fällen mehr aussagebezogene Prüfungshandlungen durchführen.

---

[80]   vgl. Riedel/Campe (2017) in Cloud Computing, IT-Outsourcing und deren Prüfung in IDW
       Life 07/2017, S. 800-806)
[81]   Definition Fehlerrisiken siehe Kapitel 2.2.3

Nimmt ein Unternehmen im Rahmen seiner Geschäftstätigkeit Dienstleistungen in Anspruch, so hat der Abschlussprüfer dieses auslagernden Unternehmens ein Verständnis von Art und Bedeutung der von dem Dienstleistungsunternehmen erbrachten Dienstleistungen einschließlich deren Auswirkungen auf das für die Abschlussprüfung relevante interne Kontrollsystem des auslagernden Unternehmens zu gewinnen, um die Risiken wesentlicher falscher Angaben in der Rechnungslegung festzustellen und zu beurteilen. Im Anschluss daran sind die Prüfungshandlungen so zu planen und durchzuführen, dass auf diese Risiken angemessen reagiert werden kann.

4.2.2 Verständnis über die Inanspruchnahme ausgelagerter Dienstleistungen

Um im ersten Schritt ein Verständnis darüber zu erlangen, wie das Unternehmen im Rahmen seiner Geschäftstätigkeit ausgelagerte Dienstleistungen in Anspruch nimmt, hat der Abschlussprüfer sich zu informieren und folgende Sachverhalte zu klären:[82]

- die Art der erbrachten Dienstleistungen und deren Bedeutung für das auslagernde Unternehmen – einschließlich der Auswirkungen auf das für die Abschlussprüfung relevante interne Kontrollsystem des auslagernden Unternehmens,
- die Art und Wesentlichkeit der von dem Dienstleistungsunternehmen verarbeiteten Geschäftsvorfälle oder der betroffenen Konten bzw. Rechnungslegungsprozesse,
- den Grad der Wechselwirkung zwischen den Tätigkeiten des Dienstleistungsunternehmens und denen des auslagernden Unternehmens und
- die Art der Beziehung zwischen dem auslagernden Unternehmen und dem Dienstleistungsunternehmen einschließlich der relevanten vertraglichen Regelungen.

Als Informationsquellen über die Art der von einem Dienstleistungsunternehmen erbrachten Dienstleistungen dienen:[83]

- der Dienstleistungsvertrag zwischen den Parteien,
- Berichterstattungen vom Typ 1 oder Typ 2 über das dienstleistungsbezogene IKS

---

[82] IDW PS 331 n.F., Tz 11
[83] IDW PS 331 n.F., Tz. A4

- Berichte des Dienstleistungsunternehmens oder der internen Revision des auslagernden Unternehmens über Kontrollen beim Dienstleistungsunternehmen
- Verfahrensdokumentationen des dienstleistungsbezogenen internen Kontrollsystems (z. B. Arbeitsanweisungen, Prozessbeschreibungen, Benutzerhandbücher, Systemübersichten und fachliche Handbücher).

Hinweis:

Ein Dienstleistungsvertrag sollte stets vorliegen und auch vom Abschlussprüfer beurteilt werden. Oftmals sind keine SLA (Service Level Agreements) definiert, oder sie werden nicht aussagekräftig dargestellt. Hin und wieder werden die SLAs auch nicht an neue Gegebenheiten angepasst.

Bei Vorliegen von internen Berichten des Dienstleisters (eigene Audits) ist es nicht immer möglich, die Vorgehensweise der Prüfung nachzuvollziehen. Außerdem ist das daraus gewonnene Vertrauen niedriger als bei Berichten der internen Revision.

Verfahrensdokumentationen des Dienstleisters sind in der Praxis selten bei den auslagernden Unternehmen anzutreffen, da diese Informationen meist einen hohen Vertraulichkeitsgrad haben.

Bei der Inanspruchnahme von Dienstleistungen können rechnungslegungsrelevante Systeme eingesetzt werden, in welchen Geschäftsvorfälle erfasst, verarbeitet, aufgezeichnet und Rechenschaft darüber ablegt wird. Dienstleistungen, die in diesem Kontext regelmäßig eine hohe Rechnungslegungsrelevanz aufweisen, sind exemplarisch im Kapitel 2.3 diskutiert.

Für die leichtere Identifikation ausgelagerter Prozesse und Funktionen kann eine Übersicht auf Basis einer erfolgten Aufnahme der rechnungslegungsrelevanten IT-Systeme beim auslagernden Unternehmen im Rahmen der Abschlussprüfung nützlich sein.[84]

---

[84] IDW PS 330 schreibt vor, wie die Abschlussprüfung durchzuführen ist, wenn das Unternehmen rechnungslegungsrelevante IT-Systeme einsetzt. Es handelt sich um die Prüfung des internen IT-Kontrollsystems als integralen Bestandteil des gesamten internen Kontrollsystems.

> **Praxistipp:**
> Die IT-Systeme sollten in einer Tabelle oder grafischen Übersicht dargestellt werden. Letzteres ist deshalb empfehlenswert, weil die Datenflüsse der Systeme untereinander und damit mögliche Fehlerrisiken besser erkennbar sind. Grafisch kann dann auch hervorgehoben werden, ob Systeme eigen- oder fremdbetrieben werden und wo sie „gehostet" sind.

In dem nachfolgenden Beispiel hat der Abschlussprüfer alle rechnungslegungsrelevanten Systeme sowie die Datenflüsse zwischen den Systemen skizziert und mittels der Symbole „Haus" und „Wolke" die IT-Auslagerungen deutlich gemacht.

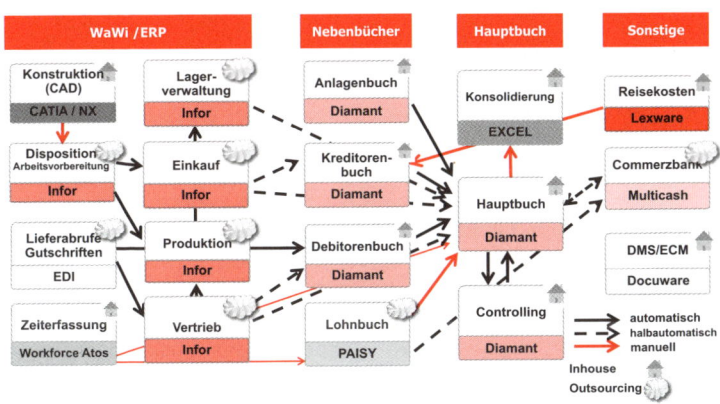

Abb. 17: Übersicht rechnungsrelevanter System im Sinne von IDW PS 330

In diesem Anwendungsbeispiel ist der Prozess der Personalabrechnung (Anwendung PAISY) im Sinne eines Business Process Outsourcing (BPO) vollständig ausgelagert. Das ERP-System „Infor" wird von einem Dienstleister gehostet, der in diesem Fall auch die Applikation betreut (Administration, Update- und Change Management).

4.2.3 Verständnis über das dienstleistungsbezogene interne Kontrollsystem

Um nach IDW PS 261 n.F. ein Verständnis des für die Abschlussprüfung relevanten internen Kontrollsystems zu erlangen, muss der Abschlussprüfer die Ausgestaltung der relevanten internen Kontrollen beim auslagernden Unternehmen beurteilen, die mit den ausgelagerten Dienstleistungen im Zusammenhang stehen.[85]

> **Hinweis:**   **i**
> Der Abschlussprüfer muss Maßnahmen identifizieren, die mit den
> ausgelagerten Prozessen und Funktionen verzahnt sind. Häufig sind
> das Maßnahmen zur Überwachung von Vorgängen, die beim Dienst-
> leister ablaufen. Sind die Maßnahmen beim auslagernden Unterneh-
> men eingerichtet und decken sie die erforderlichen Kontrollziele (z. B.
> Vollständigkeit und Richtigkeit der Transaktionen) angemessen ab,
> sind – sofern die Maßnahmen im Prüfungszeitraum wirksam waren
> – weitere Prüfungshandlungen beim Dienstleistungsunternehmen
> grundsätzlich nicht erforderlich.

> **Beispiel:**
> Als Ergänzung zu dem Beispiel im einleitenden Kapitel 4.1 können
> z. B. bei der Auslagerung der Lohn- und Gehaltsabrechnung weitere
> Prüfungen beim Dienstleister obsolet sein, wenn Kontrollen über die
> Zusendung und den Erhalt von Lohn- und Gehaltsinformationen ein-
> gerichtet sind, durch die wesentliche falsche Angaben in der Rech-
> nungslegung verhindert oder aufgedeckt werden könnten. Oftmals
> sind es in diesem Zusammenhang nicht immer technische Lösungen,
> sondern auch mal der Nachvollzug der Lohn- und Gehaltsabrechnung
> auf rechnerische Richtigkeit in Stichproben und Durchsicht der Lohn-
> und Gehaltssumme im Hinblick auf Plausibilität.[86]

Die Überlegungen lassen sich z. B. auch auf den Bereich des Change Management erweitern: Änderungen an den IT-Systemen werden von den
auslagernden Unternehmen beauftragt und vom Dienstleister umgesetzt.
Finden nun beim auslagernden Unternehmen angemessene Tests statt und
werden Änderungen auch offiziell abgenommen, kommt der eigentlichen
Umsetzung der Änderungen beim Dienstleister eine untergeordnete Rolle
zu, wenn es um die Erreichung von Integrität, Richtigkeit und Vollständigkeit geht.

---

[85] IDW PS 331 n.F., Tz. 12
[86] IDW PS 331 n.F., A10

4.2.4 Festlegung und Durchführung von Prüfungshandlungen

Der Abschlussprüfer muss entscheiden, ob er anhand der vom zu prüfenden Unternehmen bereitgestellten Informationen in die Lage versetzt wird, ein Verständnis über die Art und die Bedeutung der ausgelagerten Dienstleistungen sowie deren Auswirkungen auf das für die Abschlussprüfung relevante interne Kontrollsystem des auslagernden Unternehmens zu erlangen. Dieses Verständnis muss ausreichen, um als Grundlage für die Feststellung und Beurteilung der Risiken wesentlicher falscher Angaben in der Rechnungslegung zu dienen.[87]

Wird der Abschlussprüfer durch die erhaltenen Informationen indes nicht in die Lage versetzt, ein ausreichendes Verständnis über die Art und die Bedeutung der ausgelagerten Dienstleistungen sowie deren Auswirkungen auf das für die Abschlussprüfung relevante interne Kontrollsystem des auslagernden Unternehmens zu gewinnen, hat er mindestens eine der folgenden Prüfungshandlungen durchzuführen:[88]

■ Verwendung einer vorliegenden Berichterstattung vom Typ 1 oder Typ 2 nach IDW PS 951 n.F. (oder vergleichbaren Standards wie ISAE 3402)
■ Einholen der benötigten Informationen beim Dienstleistungsunternehmen über das auslagernde Unternehmen
■ Durchführung eigener Prüfungshandlungen bei dem Dienstleistungsunternehmen
■ Hinzuziehung eines anderen Prüfers zur Durchführung von Prüfungshandlungen bei dem Dienstleistungsunternehmen.

Beispiel:
In der Praxis wird das am ehesten die Fälle betreffen, bei denen der eigentliche Kern einer Funktion oder eines Prozesses ausgelagert wurde. Je höher der Transformationsgrad von Daten, je mehr Logik in der Prozessverarbeitung vor allem die Richtigkeit der Daten beeinflusst (wie z. B. bei SaaS- oder PaaS-Lösungen), desto geringer ist die Sicherheit, die sich ein Abschlussprüfer aus den reinen Überwachungsmaßnahmen des auslagernden Unternehmens holen kann. Auch bei IaaS (Infrastructure as a Service) decken die Überwachungsmaßnahmen des auslagernden Unternehmens mangels Zugang zu den internen Systemen des Dienstleisters selten die Gewissheit bezüglich physischer Sicherungsmaßnahmen, Datensicherungen oder Notfallkonzeptionen ab.

---

[87] IDW PS 331 n.F., Tz. 13
[88] IDW PS 331 n.F., Tz. 14

Die Entscheidung des Abschlussprüfers, welche der oben genannten Prüfungshandlungen einzeln oder in Kombination durchzuführen sind, um die notwendigen Informationen als Grundlage für die Feststellung und Beurteilung der Risiken wesentlicher falscher Angaben in der Rechnungslegung im Zusammenhang mit der ausgelagerten Dienstleistung zu erlangen, kann u. a. beeinflusst werden durch[89]

- die Größe des auslagernden Unternehmens und des Dienstleistungsunternehmens,
- die Komplexität der ausgelagerten Geschäftsvorfälle und der erbrachten Dienstleistungen,
- den Standort des Dienstleistungsunternehmens (bspw. kann der Abschlussprüfer erwägen, einen anderen Prüfer hinzuzuziehen, der Prüfungshandlungen durchführt, wenn sich das Dienstleistungsunternehmen an einem entfernten Standort befindet),
- die Einschätzung, inwieweit die geplanten Prüfungshandlungen zu hinreichenden Prüfungsnachweisen führen, und
- die Art der Beziehung (z. B. vertraglich oder gesellschaftsrechtlich) zwischen dem auslagernden Unternehmen und dem Dienstleistungsunternehmen.

Hat der Abschlussprüfer im Rahmen der Aufbauprüfung die Angemessenheit der Kontrollen des Dienstleistungsunternehmens festgestellt, sind bezüglich dieser Kontrollen Funktionsprüfungen durchzuführen, wenn er bei der Erlangung der erforderlichen Prüfungssicherheit davon ausgeht, dass die Kontrollen bei dem Dienstleistungsunternehmen wirksam sind, oder wenn aussagebezogene Prüfungshandlungen alleine zur Gewinnung hinreichender Prüfungssicherheit auf Aussageebene nicht ausreichen. Prüfungsnachweise für die Wirksamkeit dieser Kontrollen müssen durch mindestens eine der folgenden Prüfungshandlungen erlangt werden:[90]

- Verwendung einer vorliegenden Berichterstattung vom Typ 2
- Durchführung eigener geeigneter Funktionsprüfungen bei dem Dienstleistungsunternehmen
- Hinzuziehen eines anderen Prüfers, der für den Abschlussprüfer Funktionsprüfungen bei dem Dienstleistungsunternehmen durchführt.

---

[89] IDW PS 331 n.F., Tz. A12.
[90] IDW PS 331 n.F., Tz. 19

Nach IDW PS 261 n.F. muss der Abschlussprüfer des auslagernden Unternehmens Funktionsprüfungen planen und durchführen, um ausreichende und angemessene Prüfungsnachweise für die Wirksamkeit der relevanten Kontrollen unter bestimmten Umständen zu erlangen. Im Zusammenhang mit einem Dienstleistungsunternehmen gilt diese Anforderung, wenn:[91]

- die Risikoeinschätzung des Abschlussprüfers des auslagernden Unternehmens im Hinblick auf wesentliche falsche Angaben in der Rechnungslegung von der Erwartung ausgeht, dass die Kontrollen bei dem Dienstleistungsunternehmen wirksam sind, oder
- aussagebezogene Prüfungshandlungen alleine oder in Kombination mit Prüfungen der Wirksamkeit der Kontrollen im auslagernden Unternehmen keine ausreichenden und angemessenen Prüfungsnachweise auf Aussageebene erbringen können.

4.3 Vorgehen bei vorhandener Berichterstattung über das dienstleistungsbezogene IKS

4.3.1 Voraussetzungen einer Verwendung

Plant der Abschlussprüfer, eine Berichterstattung vom Typ 1 oder Typ 2 als Prüfungsnachweis für sein Verständnis über die Ausgestaltung von Maßnahmen beim Dienstleistungsunternehmen zu verwenden, hat er

- zu beurteilen, ob sich die Beschreibung und die Ausgestaltung der Kontrollen beim Dienstleistungsunternehmen auf einen Zeitraum beziehen, der für die Zwecke des Abschlussprüfers angemessen ist,
- zu beurteilen, ob die Berichterstattung hierfür ausreichende und angemessene Prüfungsnachweise liefert, und
- zu entscheiden, ob die von dem Dienstleistungsunternehmen dargestellten korrespondierenden Kontrollen für das auslagernde Unternehmen relevant sind. Ist dies der Fall, muss der Abschlussprüfer ein Verständnis darüber gewinnen, ob das auslagernde Unternehmen solche korrespondierenden Kontrollen ausgestaltet hat.[92]

Praxistipp:
Obwohl beide internen Kontrollsysteme, das des auslagernden Unternehmens und das dienstleistungsbezogene des Dienstleisters, mitein-

[91] IDW PS 331 n.F., Tz. A24
[92] IDW PS 331 n.F., Tz. 16

ander verzahnt sein sollten, zeigt die Praxis, dass hier immer wieder Lücken klaffen, die ein Risiko darstellen können. Beispiel dafür sind Mitarbeiter des auslagernden Unternehmens, die dem Dienstleister als berechtigte Personen für Change Requests genannt werden. Hat das auslagernde Unternehmen den Dienstleister nicht in den eigenen Personalaustrittsprozess integriert, haben Ex-Mitarbeiter beim Dienstleister auch Monate später noch Einflussmöglichkeiten. Daher sind die in der Beschreibung des dienstleistungsbezogenen internen Kontrollsystems dargestellten korrespondierenden Kontrollen eingehend daraufhin zu prüfen, ob sie beim auslagernden Unternehmen bekannt sind und umgesetzt werden.

Ferner hat der Abschlussprüfer im Falle einer Berichterstattung vom Typ 1 oder Typ 2, die nicht nach bzw. nicht unter vollständiger Beachtung des IDW PS 951 n.F. erstellt wurde, festzustellen, ob neben den Grundsätzen ordnungsmäßiger Buchführung – einschließlich der Anforderungen an die Ordnungsmäßigkeit und Sicherheit der rechnungslegungsrelevanten Systeme und Daten – ggf. auch weitere gesetzliche oder aufsichtsrechtliche Anforderungen einschlägig sind (z. B. MaRisk), die bei der Dienstleistungserbringung und der Ausgestaltung der Kontrollen beim Dienstleistungsunternehmen zugrunde zu legen sind. Plant der Abschlussprüfer, eine derartige Berichterstattung zu verwenden, sind ergänzende Prüfungshandlungen beim auslagernden Unternehmen oder beim Dienstleistungsunternehmen durchzuführen, um diese fehlenden Informationen zu erheben und ausreichende und angemessene Prüfungsnachweise zu erlangen.

4.3.2   Verwendung einer Berichterstattung vom Typ 1

Der Abschlussprüfer kann Berichterstattungen vom Typ 1 für die Abschlussprüfung nur eingeschränkt verwenden, da diese zeitpunktbezogen sind und damit keine Prüfungsaussagen über die Wirksamkeit der Kontrollen enthalten. Folglich ermöglichen sie für den Abschlussprüfer des auslagernden Unternehmens nur eine eingeschränkte Prüfungssicherheit.[93]

Eine Berichterstattung vom Typ 1 kann den Abschlussprüfer bei der Gewinnung eines hinreichenden Verständnisses unterstützen, um die Risiken wesentlicher falscher Angaben in der Rechnungslegung festzustellen und beurteilen zu können und darauf die Prüfungsplanung aufzubauen. Weitere Erkenntnisse, insbesondere ob die Maßnahmen

....

[93]   IDW PS 951 n.F., Tz. 17

wie dargestellt durchgeführt wurden und die erforderliche Prüfungssicherheit bieten, lassen sich aus dieser Art der Berichterstattung nicht ableiten.

Um die Wirksamkeit der Kontrollen, die für die Abschlussprüfung von Bedeutung ist, sicherzustellen, muss der Abschlussprüfer entweder selbst Funktionsprüfungen beim Dienstleistungsunternehmen durchführen oder einen Dritten beauftragen, Prüfungshandlungen durchzuführen. Hierbei wird auf die nachfolgenden Kapitel verwiesen.

4.3.3   Verwendung einer Berichterstattung vom Typ 2

Eine Berichterstattung nach Typ 2 beinhaltet im Vergleich zum eingeschränkt verwertbaren Typ 1 die Prüfung der Wirksamkeit der Maßnahmen über einen bestimmten Zeitraum hinweg. Bei der Beurteilung, ob die gelieferten Prüfungsnachweise ausreichend und angemessen sind, muss sich der Abschlussprüfer von der fachlichen Kompetenz und den Fähigkeiten des Wirtschaftsprüfers des Dienstleistungsunternehmens und dessen Unabhängigkeit vom Dienstleistungsunternehmen überzeugen.[94] Bei der Feststellung, ob die Berichterstattung vom Typ 2 ausreichende und angemessene Prüfungsnachweise über die Wirksamkeit der Maßnahmen zur Abstützung der Risikobeurteilung des Abschlussprüfers liefert, muss der Abschlussprüfer insb. berücksichtigen,

- welchen Zeitraum die Funktionsprüfungen betreffen und ob sich dieser Zeitraum mit dem Prüfungszeitraum für den Abschlussprüfer deckt,
- die seit der Berichterstattung vergangene Zeit,
- welche Dienstleistungen und Prozesse abgedeckt wurden,
- in welchem Umfang die dargestellten Maßnahmen geprüft wurden,
- wie diese dienstleistungsbezogenen Maßnahmen mit den Maßnahmen beim auslagernden Unternehmen zusammenwirken und
- die Ergebnisse der einzelnen Funktionsprüfungen und das daraus abgeleitete Prüfungsurteil des Wirtschaftsprüfers des Dienstleistungsunternehmens.[95]

Im Idealfall deckt die Berichterstattung vom Typ 2 den kompletten Prüfungszeitraum des auslagernden Unternehmens ab und beinhaltet alle für die Dienstleistung notwendigen Kontrollen, die allesamt wirksam und ohne Feststellungen berichtet werden.

[94]   IDW PS 951 n.F., Tz. 15
[95]   IDW PS 331 n.F., Tz. 26

> **Hinweis:**
>
> Der Abschlussprüfer muss bei der Verwertung einer Typ 2-Berichter-stattung ganz genau hinschauen. Die Berichte sind so aufgebaut, dass zunächst das Urteil des Wirtschaftsprüfers dargestellt ist, aus dem u. a. hervorzugehen hat, ob das Urteil uneingeschränkt gilt oder ob die Prüfungshandlungen zu der Erkenntnis geführt haben, dass be-stimmte Kontrollziele mangels Wirksamkeit von Maßnahmen nicht erreicht wurden. Auch kommt es häufig vor, dass Maßnahmen nicht im dargestellten Umfang oder über den gesamten Zeitraum wirksam waren, aber nach Einschätzung des Wirtschaftsprüfers dennoch das angegebene Kontrollziel erreicht haben. Was zunächst dramatisch klingt, soll den Abschlussprüfer doch nur darauf hinweisen, inwieweit er sich auf das dienstleistungsbezogene IKS verlassen kann oder ob er noch weitergehende Prüfungshandlungen anschließen muss, um die notwendige Prüfungssicherheit zu erlangen.

4.3.4 Einzelfragen bei der Verwendung von Berichterstattungen vom Typ 2

4.3.4.1 Abweichender Zeitraum

Die Verwertbarkeit kann beeinträchtigt sein, wenn der Zeitraum, auf den sich die Berichterstattung vom Typ 2 bezieht, vom Rechnungslegungszeit-raum des auslagernden Unternehmens abweicht.

Liegt der Prüfungszeitraum des Prüfers des Dienstleistungsunternehmens gar vollständig außerhalb, liegt also keinerlei zeitliche Deckung vor, ist der Abschlussprüfer nicht in der Lage, sich bei seinem Urteil auf diese Prüfun-gen zu stützen, sofern keine anderen Prüfungshandlungen durchgeführt werden.[96]

> **Hinweis:**
>
> Je kürzer der durch eine Funktionsprüfung abgedeckte Zeitraum und je länger die seit der Durchführung der Prüfung vergangene Zeit ist, desto geringer ist die Relevanz und Verlässlichkeit der Prü-fungsnachweise für den gesamten Rechnungslegungszeitraum des auslagernden Unternehmens.[97]

---

[96] IDW PS 331 n.F., Tz. A27
[97] IDW PS 331 n.F,. Tz. A28

Weichen der Prüfungszeitraum der Berichterstattung vom Typ 2 und der Rechnungslegungszeitraum des auslagernden Unternehmens voneinander ab, können mehrere Berichterstattungen vom Typ 2, die zeitlich aneinander anschließen und somit den Rechnungslegungszeitraum abdecken, ausreichende und angemessene Prüfungsnachweise liefern.

Praxistipp:
In der Praxis sind solche Konstellationen jedoch selten. Hat das auslagernde Unternehmen das Kalenderjahr als Geschäftsjahr, und weicht der Dienstleister mit seiner Prüfung um ein halbes Jahr ab, so ist – auch bei zeitnaher IKS-Prüfung – frühestens im August mit der zweiten Berichterstattung zu rechnen – zu spät für die meisten Abschlussprüfungen. Aus diesem Grund sollte auch der Dienstleister seinen Prüfungszeitraum mit Rücksicht auf seine Kunden wählen.

In Fällen, in denen die Berichterstattung vom Typ 2 den Rechnungslegungszeitraum des auslagernden Unternehmens weitgehend, aber nicht vollständig abdeckt, kann es der Abschlussprüfer als notwendig ansehen, zusätzliche Prüfungshandlungen durchzuführen, um ausreichende und angemessene Prüfungsnachweise zu erlangen.[98] Hierbei können insb. die Länge des verbleibenden Berichtszeitraums, die Bedeutung der Dienstleistung für die Rechnungslegung sowie Kenntnisse über bestehende Kontrollrisiken relevant sein.[99]

Praxistipp:
Der Abschlussprüfer sollte in diesen Fällen für den nicht abgedeckten Zeitraum eine Erklärung der gesetzlichen Vertreter des Dienstleistungsunternehmens zur Wirksamkeit des dienstleistungsbezogenen internen Kontrollsystems anfordern. In dieser Erklärung bestätigen die gesetzlichen Vertreter des Dienstleistungsunternehmens, ob und wie sich Art, Umfang oder Wirksamkeit der Kontrollen in dem durch die Berichterstattung vom Typ 2 nicht abgedeckten Zeitraum verändert haben. In diesem Zusammenhang wird von einem Gap-, Bridge- oder Assurance Letter gesprochen. Ein Beispiel eines Gap-Letters basierend auf einer Berichterstattung vom Typ 2 nach SSAE 16 ist nachfolgend aufgeführt.

---

[98]   IDW PS 331 n.F., Tz. A28
[99]   IDW PS 331 n.F., Tz. A28

Zur Beurteilung, ob es Anhaltspunkte dafür gibt, dass einzelne Inhalte der Erklärung in bedeutenden Aspekten nicht zutreffend sind, kann die Durchführung einiger Funktionsprüfungen ausgewählter Kontrollen im nicht abgedeckten Zeitraum durch den Prüfer des Dienstleistungsunternehmens notwendig sein.[100]

Wenn die gesetzlichen Vertreter des Dienstleistungsunternehmens in ihrer Erklärung über das dienstleistungsbezogene interne Kontrollsystem außerhalb des durch die Berichterstattung vom Typ 2 abgedeckten Zeitraums von Änderungen der relevanten Kontrollen bei dem Dienstleistungsunternehmen berichten, kann es sachgerecht sein, dass der Abschlussprüfer zusätzliche Nachweise hierüber einholt. In diesem Fall kann er in Erwägung ziehen, zusätzliche Prüfungshandlungen durchzuführen.[101]

---

[100] IDW PS 331 n.F., Tz. A28
[101] IDW PS 331 n.F., Tz. A29

[This letter should go on Service Organization letter head]

[Current Date]

[Name]
[Title]
[Name of company you are addressing this letter too]
[Address]

Dear [Name of the individual you are addressing this letter too]:

We have received your request for information regarding material changes in internal control related to the [list services here]. [CPA firm name] prepared the latest Type II SSAE 16 for these services and the report is dated [report date]. This report includes tests of operating effectiveness for the period ending [period end date].

[Service organization name] recognizes the need to maintain an appropriate internal control environment and report upon the effectiveness, as well as material changes to its internal controls. On [date or approximate date material change happened], [describe the control add/change/removal that was made. No more than two sentences is sufficient]. As of [current date], I am not aware of any other *material changes* in our control environment that would adversely affect the Auditor's Opinion reached in the [report end date (not the same as the report date)] report for the above named SSAE 16.[1]

You should also be aware that [Service organization name], as a normal part of its operations, continually updates its services and technology as appropriate. In addition, the controls for all of [Service organization name] were designed with certain responsibilities required of the system users (See User Control Considerations in the SSAE 16 report). [Service organization name] controls must always be evaluated in conjunction with an assessment of the strength of these user controls.

Finally, in order to conclude upon the design and effectiveness of internal controls for [Service organization name], the current SSAE 16 report must be read. This letter is not intended to be a substitute for the SSAE 16 report.

Sincerely,
[Name of Member of Management[2]]
[Title]

---

[1] If there were no material changes, the sentence before this should be deleted and this sentence should be replaced with a sentence that states: "As of [current date], I am not aware of any *material changes* in our control environment that would adversely affect the Auditor's Opinion reached in the [report end date (not the same as the report date)] report for the above named SSAE 16."
[2] Should be a signature from one of the same persons that signed the letter of representations.

Abb. 18: Beispiel Bridge Letter nach SSAE 16 [102]

....

[102] https://linfordco.com/blog/gap-or-bridge-letters/ (Download 15.08.2017)

4.3.4.2 Abweichende sachliche Abdeckung

Es ist möglich, dass die Berichterstattung vom Typ 2 das dienstleistungsbe-zogene interne Kontrollsystem nicht vollständig beschreibt. Dies kann der Fall sein, wenn das Dienstleistungsunternehmen für spezielle Kunden vom Standard abweichende Prozesse vereinbart hat, die in der Berichterstattung nach Typ 2 so nicht abgebildet sind.

Die Beschreibung des dienstleistungsbezogenen internen Kontroll-systems darf zwar keine Informationen auslassen bzw. verzerren, die für den Aufgabenbereich des beschriebenen dienstleistungsbezogenen internen Kontrollsystems relevant sind. Das bedeutet aber nicht, dass sämtliche Aspekte des dienstleistungsbezogenen internen Kontrollsys-tems darzustellen sind, die aus Sicht einzelner auslagernder Unterneh-men und deren Abschlussprüfer als wichtig erachtet werden können.[103]

Praxistipp:
Die Berichterstattungen sind grundsätzlich für eine Vielzahl von ausla-gernden Unternehmen erstellt, die auch die dargestellte Dienstleistung in Anspruch nehmen. Abweichungen zwischen dem dienstleistungs-bezogenen internen Kontrollsystem und der tatsächlichen Servicein-anspruchnahme wird es hin und wieder geben. Der Abschlussprüfer muss deshalb genau darauf achten, ob die beschriebene Dienstleistung auf sein zu prüfendes Unternehmen anzuwenden ist.

Gelangt der Abschlussprüfer unabhängig von der sachlichen Abdeckung zu der Auffassung, dass die Berichterstattung des Prüfers des Dienstleistungs-unternehmens keine ausreichenden und angemessenen Prüfungsnachweise enthält, kann sich der Abschlussprüfer zur Erlangung eines hinreichenden Verständnisses der Prüfungshandlungen und Schlussfolgerungen des Prü-fers des Dienstleistungsunternehmens an das auslagernde Unternehmen wenden, um ein Gespräch mit dem Prüfer des Dienstleistungsunterneh-mens über Umfang und Ergebnisse seiner Tätigkeit zu führen.[104]

Hinweis:
Häufige Mängel in der Berichterstattung und Grund zur Rückfrage sind fehlende Dokumentationen der durchgeführten Funktionsprü-fungen. Es muss für den Abschlussprüfer nachvollziehbar sein, wie die

---

[103] IDW PS 951 n.F., Tz 21c)
[104] IDW PS 331 n.F., Tz. A31

Funktionsprüfungen durch den Prüfer des Dienstleisters erfolgten und was das Ergebnis ist. Wichtig ist dabei, dass auch jeweils die Grundgesamtheit der von einer Maßnahme betroffenen Transaktionen in der Maßnahme selbst zu nennen ist. Hilfreiche Formulierungen sind z. B. „Alle neuen Mitarbeiter…" oder „Alle Rechnungen über EUR 5.000…". Der Prüfer des dienstleistungsbezogenen internen Kontrollsystems hat im Gegenzug bei der Beschreibung seiner Funktionsprüfungen gleichermaßen exakt darzulegen, wie er bei der Stichprobenziehung vorgegangen ist.

Ferner kann sich der Abschlussprüfer über das auslagernde Unternehmen an das Dienstleistungsunternehmen mit dem Ziel wenden, dass der Prüfer des Dienstleistungsunternehmens ergänzende Prüfungshandlungen beim Dienstleistungsunternehmen durchführt. Alternativ dazu kann der Abschlussprüfer selbst oder ein von diesem hinzugezogenen Prüfer diese Prüfungshandlungen durchführen.

4.3.4.3   Weiterverlagerung an Subdienstleistungsunternehmen

Soweit Dienstleistungsunternehmen Teile der Prozesse und Funktionen ihrerseits an Dienstleistungsunternehmen (Subdienstleistungsunternehmen) weiterverlagern, ist dies nach IDW PS 951 n.F. in der Beschreibung des dienstleistungsbezogenen internen Kontrollsystems transparent darzustellen. In diesem Zusammenhang wird zwischen der Inclusive Methode und der Carve-out-Methode unterschieden (siehe Kapitel 3.2.4).

Bei der Inclusive Methode umfasst die Beschreibung des dienstleistungsbezogenen internen Kontrollsystems auch die Art und den Umfang der Dienstleistungen sowie die relevanten Kontrollziele und Maßnahmen des Subdienstleisters.

Bei Anwendung der Carve-out-Methode ist das dienstleistungsbezogene interne Kontrollsystem des Subdienstleistungsunternehmens nicht Gegenstand der IKS-Beschreibung. Stattdessen erfolgt eine Prüfung der Maßnahmen des Dienstleistungsunternehmens, die der Überwachung der Wirksamkeit der Maßnahmen beim Subdienstleistungsunternehmen dienen. Infolgedessen liegt keine Verwertung etwaiger Prüfungsberichte der Subdienstleistungsunternehmen durch den Wirtschaftsprüfer des Dienstleistungsunternehmens vor.

Zur Verdeutlichung der Abgrenzung von Inclusive-Methode und
Carve-out-Methode dient folgendes Beispiel, bei dem die Personalabrechnung durch das Dienstleistungsunternehmen A erbracht und zur
Verarbeitung der Personaldaten das IT-System von Dienstleistungsunternehmen B eingesetzt wird.

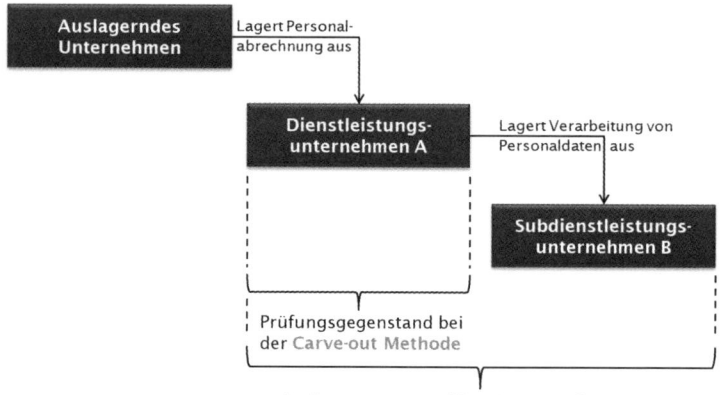

Abb. 19: Beispiel Abgrenzung Inclusive Methode vs. Carve-out-Methode [105]

Werden von einer Berichterstattung vom Typ 1 oder Typ 2 die Kontrollen beim Subdienstleistungsunternehmen ausgeklammert (Carve-out),
muss der Abschlussprüfer die Anforderungen des IDW PS 331 n.F.
auf das Subdienstleistungsunternehmen und die von dem Subdienstleistungsunternehmen erbrachten Dienstleistungen anwenden, soweit
diese für die Prüfung des Abschlusses des auslagernden Unternehmens
relevant sind.[106]

Art und Umfang der vom Abschlussprüfer durchzuführenden Prüfungshandlungen hängen von der Art der Dienstleistungen des Subdienstleistungsunternehmens und ihrer Bedeutung für das auslagernde
Unternehmen sowie von ihrer Relevanz für die Abschlussprüfung ab.
Die Auswirkung der Inanspruchnahme des Subdienstleistungsunterneh-

---

[105] IDW PS 951, Tz. 29
[106] IDW PS 331 n.F., Tz. 21 u. Tz. A34

mens sowie Art und Umfang der durchzuführenden Tätigkeiten sind durch den Abschlussprüfer zu würdigen.[107]

i

Hinweis:
Während der Dienstleister Managed Services anbietet, stehen die von ihm betreuten Server aber im Rechenzentrum eines Subdienstleisters (Hosting). Diese Konstellation ist in der Praxis häufig anzutreffen und bedeutet für den Abschlussprüfer, dass er z. B. die Applikationsbetreuung mit dem Change Management und der User- und Rechteverwaltung in der Berichterstattung findet. Sofern die physischen Schutzmaßnahmen aber nicht angemessen in den Überwachungsmaßnahmen des Dienstleisters berücksichtigt sind, muss er beim Subdienstleister entsprechende Prüfungshandlungen durchführen.

4.3.5 Berichterstattung nach ISAE 3402 oder anderen lokalen Standards

Wird anstelle der Berichterstattung vom Typ 2 nach IDW PS 951 n. F. eine Berichterstattung vom Typ 2 nach ISAE 3402 oder z. B. dem amerikanischen SSAE 18 als Prüfungsnachweis herangezogen, ist – insbesondere wenn der Prüfer des Dienstleistungsunternehmens nicht in Deutschland ansässig ist – auf die Besonderheiten und die Kontrollanforderungen der deutschen Rechnungslegung ein Augenmerk zu legen. Hier ist zu klären, ob die Einhaltung der Anforderungen an die Ordnungsmäßigkeit und Sicherheit der rechnungslegungsrelevanten Systeme und Daten durch das dienstleistungsbezogene interne Kontrollsystem berücksichtigt wird.[108] Zu den einzelnen Voraussetzungen siehe Kapitel 2.2.

Kommt der Abschlussprüfer zu dem Ergebnis, dass die Anforderungen an die Ordnungsmäßigkeit und Sicherheit nicht abgedeckt werden, kann es notwendig sein zu prüfen, ob diesbezüglich vom auslagernden Unternehmen Maßnahmen eingerichtet wurden. Soweit diese Kontrollen vorhanden sind, können diese für die Beurteilung der Ordnungsmäßigkeit herangezogen und dementsprechend auf ihre Angemessenheit und Wirksamkeit geprüft werden.[109]

---

[107] IDW PS 331 n.F., Tz. 12
[108] IDW PS 331 n.F., Tz. A20
[109] IDW PS 331 n.F., Tz. A21

Können auch unter Berücksichtigung eigener Prüfungshandlungen beim Dienstleistungsunternehmen bzw. der Hinzuziehung eines anderen Prüfers keine ausreichenden und angemessenen Prüfungsnachweise erlangt werden, kann ein Prüfungshemmnis vorliegen, was zu einem eingeschränkten Bestätigungsvermerk führen kann.

In den Fällen, in denen ein von IDW PS 951 n.F., ISAE 3402 oder SSAE 18 abweichender Standard zur Anwendung kommt, hat der Abschlussprüfer die Angemessenheit der Standards zu beurteilen, auf deren Grundlage die Berichterstattung vom Typ 1 oder Typ 2 erstellt wurde.[110]

4.3.6 Checkliste bei Verwendung einer Berichterstattung nach Typ 2

Zusammenfassend lassen sich die wesentlichen Punkte bei Verwendung einer Berichterstattung vom Typ 2 in eine Checkliste bringen:

Fragestellung	Check
a. Prüfen Sie, ob und inwieweit sich die beschriebene Dienstleistung mit der ausgelagerten Dienstleistung deckt.	
b. Prüfen Sie, ob sich der geprüfte Zeitraum mit dem Rechnungslegungszeitraum des zu prüfenden Unternehmens deckt. Je größer die Abweichung, desto eher sollte ein Gap-, Bridge- oder Assurance- Letter angefordert werden.	
c. Beurteilen Sie, ob der Prüfer des Dienstleistungsunternehmens kompetent und unabhängig ist und ihr Vertrauen genießt.	
d. Prüfen Sie, ob das Urteil des Wirtschaftsprüfers eingeschränkt wurde oder ob bestimmte Maßnahmen nicht oder nur teilweise wirksam waren. Beurteilen Sie dann, ob die nicht erreichten Kontrollziele Auswirkungen auf das interne Kontrollsystem des auslagernden Unternehmens und damit auf Ihre Abschlussprüfung haben.	
e. Prüfen Sie, ob alle dargestellten Maßnahmen in die Prüfung des Wirtschaftsprüfers einbezogen wurden.	
f. Prüfen Sie, ob die Prüfungshandlungen des Wirtschaftsprüfers ausreichend beschrieben wurden. Insbesondere auf die Darstellung von Grundgesamtheiten und Stichproben sollten Sie achten.	
g. Prüfen Sie, ob Subdienstleister beteiligt sind und welche Methode bei der Darstellung angewandt wurde (Inclusive oder Carve-Out). Besonders bei der häufig vorkommenden Carve-Out-Methode sollte die Ihrerseits ausgelagerte Dienstleistung angemessen beschrieben sein. Auch sollten Sie hier ein besonderes Augenmerk auf die Überwachungsmaßnahmen des Dienstleisters werfen.	

---

[110] IDW PS 331 n.F., Tz. 15

Fragestellung	Check
h. Prüfen Sie, ob korrespondierende Kontrollen angegeben sind. Sofern für Ihre Prüfung relevant, prüfen Sie diese Kontrollen.	
i. Liegt kein IDW PS 951-Bericht, sondern ein Bericht nach einem vergleichbaren Standard vor, prüfen Sie, inwieweit die Ordnungsmäßigkeits- und Sicherheitsanforderungen davon abgedeckt sind.	

Tab. 4.1 Checkliste Verwendung Typ 2

4.4 Vorgehen des Abschlussprüfers bei fehlender Berichterstattung über das dienstleistungsbezogene interne Kontrollsystem

4.4.1 Eigene Prüfungshandlungen des Abschlussprüfers

4.4.1.1 Prüfungshandlungen beim zu prüfenden Unternehmen

Kann der Abschlussprüfer sich nicht auf eine Berichterstattung vom Typ 2 über das dienstleistungsbezogene interne Kontrollsystem beim Dienstleistungsunternehmen stützen, muss er eigene Prüfungshandlungen durchführen (oder einen Dritten damit beauftragen, siehe nachfolgendes Kapitel 4.4.2).

Eigene Prüfungshandlungen beim auslagernden Unternehmen betreffen im Wesentlichen die eingerichteten Überwachungsmaßnahmen sowie korrespondierende Kontrollen. Werden die Kontrollziele mit der Prüfung beim auslagernden Unternehmen abgedeckt, so sind weitere Prüfungen beim Dienstleister nicht mehr notwendig.

4.4.1.2 Prüfungshandlungen beim Dienstleistungsunternehmen

Für alle anderen Maßnahmen, deren Kontrollziele durch Prüfungshandlungen nicht vollständig beim auslagernden Unternehmen abgedeckt werden können, muss der Abschlussprüfer eigene Prüfungshandlungen beim Dienstleistungsunternehmen durchführen oder dafür einen anderen Prüfer hinzuziehen, um ausreichende und angemessene Prüfungsnachweise über die Wirksamkeit dieser Kontrollen zu erlangen.

4.4.2 Abschlussprüfer beauftragt einen Dritten mit der Durchführung von Prüfungshandlungen beim Dienstleistungsunternehmen

Der Abschlussprüfer des auslagernden Unternehmens kann einen Dritten mit der Durchführung von Prüfungshandlungen beim Dienstleistungsunternehmen beauftragen. Der Dritte kann auch der Prüfer des

Dienstleistungsunternehmens sein. Dieser könnte folgende Prüfungshandlungen für ihn durchführen:[111]

- Funktionsprüfungen beim Dienstleistungsunternehmen oder
- aussagebezogene Prüfungshandlungen zu den von einem Dienstleistungsunternehmen verwalteten abschlussrelevanten Geschäftsvorfällen und Konten.

Diese Beauftragung kann Prüfungshandlungen beinhalten, die zwischen dem auslagernden Unternehmen, dessen Abschlussprüfer sowie
zwischen dem Dienstleistungsunternehmen und dessen Prüfer abgestimmt werden. Die Prüfungsfeststellungen des anderen Prüfers werden vom Abschlussprüfer daraufhin beurteilt, ob sie ausreichende und
angemessene Prüfungsnachweise darstellen.

Praxistipp:
Es kann für den Abschlussprüfer und den Prüfer des Dienstleistungsunternehmens hilfreich sein, vor der Durchführung der Prüfungshandlungen Einvernehmen über die Prüfungsdokumentation zu erzielen, die dem Abschlussprüfer zur Verfügung gestellt wird bzw. über
den Zugriff auf die Prüfungsdokumentation, der ihm gewährt wird.

Damit der Abschlussprüfer des Dienstleistungsunternehmens für den Abschlussprüfer des auslagernden Unternehmens tätig werden kann, muss der
Prüfer des Dienstleistungsunternehmens von der Verschwiegenheitspflicht
entbunden werden. Idealerweise entbindet das auslagernde Unternehmen
seinen Abschlussprüfer ebenso von der Verschwiegenheitspflicht, so dass
beide Abschlussprüfer ungehindert Informationen austauschen können.[112]

4.5   Festgestellte Unregelmäßigkeiten

Nach IDW PS 210 hat der Abschlussprüfer die gesetzlichen Vertreter
des auslagernden Unternehmens zu befragen, ob das Dienstleistungsunternehmen über Verstöße, die Nichteinhaltung von Gesetzen und
regulatorischen Anforderungen oder nicht korrigierte falsche Angaben seitens des Dienstleistungsunternehmens informiert hat, die nicht
zweifelsfrei unbeachtlich sind und die sich auf den Abschluss des aus-

[111] IDW PS 331 n.F., Tz. A9
[112] IDW PS 331 n.F., Tz. A9

lagernden Unternehmens auswirken.[113] Der Abschlussprüfer hat auch zu erfragen, ob das auslagernde Unternehmen anderweitig über solche Sachverhalte Kenntnis erlangt hat. Auf Basis dieser Informationen hat der Abschlussprüfer zu beurteilen, wie sich diese Sachverhalte auf Art, Zeitpunkt und Umfang der weiteren Prüfungshandlungen auswirken.[114] Dies umfasst auch die Auswirkung auf seine Prüfungsfeststellungen, seinen Prüfungsbericht, seinen Bestätigungsvermerk sowie seine sonstigen Kommunikationspflichten.[115]

4.6   Berichterstattung im Prüfungsbericht und Erteilung des Bestätigungsvermerks

Bezüglich der Pflichten zur Berichterstattung im Prüfungsbericht über die Verwendung von wesentlichen Arbeiten eines anderen Prüfers müssen die Ausführungen im Prüfungsbericht deutlich machen, welche Angaben auf geprüften und welche auf ungeprüften Grundlagen beruhen sowie ob und inwieweit sich die Beurteilungen des Abschlussprüfers auf nicht selbst durchgeführte Prüfungshandlungen oder auf Gutachten von Sachverständigen stützen.[116]

Wenn der Abschlussprüfer nicht in der Lage ist, ausreichende und angemessene Prüfungsnachweise zu den von dem Dienstleistungsunternehmen erbrachten Dienstleistungen zu erlangen, die für die Prüfung des Abschlusses des auslagernden Unternehmens relevant sind, ist das Prüfungsurteil im Bestätigungsvermerk in Übereinstimmung mit IDW PS 400 einzuschränken oder zu versagen.[117]

In einem uneingeschränkten Bestätigungsvermerk darf der Abschlussprüfer nicht auf die Tätigkeit eines Prüfers des Dienstleistungsunternehmens Bezug nehmen.[118] Falls die Bezugnahme auf die Tätigkeit eines Prüfers des Dienstleistungsunternehmens für das Verständnis einer Einschränkung oder Versagung des Bestätigungsvermerks erforderlich ist, muss der Abschlussprüfer im Bestätigungsvermerk darauf hinweisen, dass die Verantwortung des Abschlussprüfers für dieses Prüfungsurteil durch diese Bezugnahme nicht verringert wird.[119]

....

[113] IDW PS 331 n.F., Tz. 22, IDW PS 210, Tz. 7
[114] IDW PS 331 n.F., Tz. 22
[115] IDW PS 331 n.F., Tz. 22, IDW PS 470
[116] IDW PS 450, Tz. 16 u. 57
[117] IDW PS 331 n.F., Tz. 24
[118] IDW PS 331 n.F., Tz. 25
[119] IDW PS 331 n.F., Tz. 26

5   Zusammenfassung

Outsourcing – insb. in Form von Cloud-Computing – ist ein Kernelement der Digitalisierung. Durch eine in den letzten Jahren immer schneller werdende Kommunikation – basierend auf Breitbandtechnologien und dem Ausbau des Glasfasernetzes sowie der Möglichkeit, Hardwarekomponenten durch Software-Virtualisierung zu ersetzen – wurde Cloud-Computing in einer massenweiten Anwendung erst möglich.

Die wirtschaftlichen Vorteile von Cloud-Computing liegen auf der Hand: geringere Kosten und höhere Flexibilität. Die Nutzung standardisierter IT-Dienstleistungen übers Netz erhöht die Flexibilität einer Organisation, notwendige Ressourcen jederzeit zu nutzen, und ist dank gemeinsamer Nutzung von IT-Infrastruktur oft günstiger als der Betrieb einer eigenen IT-Infrastruktur. Mit der Nutzung skalierbarer Dienstleistungen können Fixkosten durch variable Kosten ersetzt werden.

Die Formen des Outsourcings und des Cloud-Computings sind mannigfaltig. Täglich entstehen neue Services, die übers „Netz" angeboten werden und oftmals per Mausklick dazu gebucht werden können. Die Services können eine vollständige Auslagerung sämtlicher Unterstützungsprozesse umfassen oder im Rahmen eines Business Process Outsourcing (BPO) auch Teile der wertschöpfenden Prozesse (z. B. Logistik).

Neben den Vorteilen des Outsourcings und des Cloud-Computing, sind die Risiken nicht außer Acht zu lassen. Die Risiken betreffen die IT-Sicherheit, die Ordnungsmäßigkeit, Fehlerrisiken in der Rechnungslegung, steuerrechtliche Risiken, Datenschutzrisiken und sonstige rechtliche sowie vertragliche Risiken.

Um diesen Risiken entgegenzuwirken, bedarf es eines angemessenen und wirksamen internen Kontrollsystems sowohl beim auslagernden Unternehmen als auch beim Dienstleistungsunternehmen. Diese beiden internen Kontrollsysteme sollten bzgl. der ausgelagerten Dienstleistung eng miteinander verzahnt sein. Die Schnittstellen zwischen beiden Systemen bilden die korrespondierenden Kontrollen. Sie stellen sicher, dass jeder Prozess „End-to-End" lückenlos kontrolliert durchlaufen wird.

Beim Aufbau eines internen Kontrollsystems bzgl. der Dienstleistung (dienstleistungsbezogenes internes Kontrollsystem) wird die Nutzung von Referenzrahmenwerken empfohlen. Darunter fallen das generische Rahmenwerk für ein internes Kontrollsystem („COSO") und im Speziellen für IT-Prozesse das COBIT-Rahmenwerk sowie ähnliche Rahmenwerke wie

ITIL oder ISO 27001 in Abhängigkeit von der Art und dem Umfang der Dienstleistung. Darüber hinaus sind immer weitere spezielle branchen-, organisations- und dienstleistungsbezogene Kriterien zu definieren, um die erwähnten Risiken auf ein akzeptables Maß zu reduzieren. Das dienstleistungsbezogene interne Kontrollsystem bedarf auch eines gewissen Formalisierungsgrades (Dokumentation des IKS und Nachweise der Kontrolldurchführung), um einer externen Prüfung und Berichterstattung z. B. nach ISAE 3402 standzuhalten.

Begegnet ein Abschlussprüfer im Rahmen einer Abschlussprüfung wesentlichen Auslagerungen seines zu prüfenden Unternehmens, muss er sich zunächst ein Verständnis über die ausgelagerten Tätigkeiten verschaffen. Dies betrifft die Art und den Umfang der ausgelagerten Dienstleistung. Informationen hierüber erhält er in erster Linie vom zu prüfenden Unternehmen, den geschlossenen Verträgen sowie durch vorhandene Nachweise über den Dienstleister. Im Anschluss daran muss der Abschlussprüfer im Rahmen seines risikoorientierten Prüfungsansatzes beurteilen, ob die ausgelagerten Prozesse und Funktionen wesentlich für die Rechnungslegung des zu prüfenden Unternehmens sind. Kommt er zum Ergebnis, dass dies der Fall ist, muss er sich ein Bild über das interne Kontrollsystem des Dienstleistungsunternehmens sowie der korrespondierenden Kontrollen beim auslagernden Unternehmen verschaffen. Idealerweise kann er auf eine Berichterstattung vom Typ 2 über die ausgelagerte Dienstleistung zurückgreifen. Sofern diese sachlich die Anforderungen erfüllt und zeitlich mit der Rechnungslegungsperiode des zu prüfenden Unternehmens im Einklang ist, kann er diese Berichterstattung verwenden, ohne weitere Prüfungshandlungen durchzuführen.

Schwierigkeiten können entstehen, wenn die Berichterstattung vom Typ 2 auf internationaler Basis erstellt wurde (ISAE 3402 oder SSAE 18) und Kontrollen über die Ordnungsmäßigkeit der Buchführung nicht vollumfänglich den deutschen Anforderungen nach Handels- und Steuerrecht entsprechen oder wesentliche Subdienstleistungsunternehmen nicht in die Berichterstattung inkludiert sind (vgl. Carve-Out-Methode). Noch problematischer sind die Fälle, in denen nur eine Berichterstattung vom Typ 1 oder gar keine Berichterstattung über das interne Kontrollsystem vorliegt. In diesen Fällen ist der Abschlussprüfer angewiesen, eigene Prüfungshandlungen beim Dienstleistungsunternehmen und beim auslagernden Unternehmen durchzuführen oder einen Dritten zu beauftragen, der entsprechende Prüfungshandlungen im Auftrag des Abschlussprüfers des auslagernden Unternehmens durchführt. Wenn keine Berichterstattung nach Typ 2 vorliegt, umfassen die Prüfungshandlungen auf Basis einer IKS-Beschreibung Funktionsprüfungen beim Dienstleistungsunternehmen sowie aussagebezogene Prüfungshandlungen zu den vom Dienstleistungsunternehmen verwalteten abschlussrelevanten Geschäftsvorfällen und Konten.

Wenn der Abschlussprüfer nicht in der Lage ist, ausreichende und angemessene Prüfungsnachweise beim Dienstleistungsunternehmen zu erlangen, die für die Prüfung des Abschlusses des auslagernden Unternehmens relevant sind, ist das Prüfungsurteil im Bestätigungsvermerk einzuschränken oder zu versagen.

6 Verzeichnisse

6.1 Glossar

Begriff	Begriffserklärung	Quelle
Abschlussprüfer	Ein Berufsangehöriger, der den Abschluss eines auslagernden Unternehmens prüft.	IDW PS 331 n.F.
Auslagerndes Unternehmen	Ein Unternehmen, dessen Abschluss geprüft wird und das ein Dienstleistungs-unternehmen in Anspruch nimmt	IDW PS 331 n.F.
Berichterstat-tung vom Typ 1	Die Berichterstattung vom Typ 1 hat die Prüfung der Angemessenheit des dienstleistungsbezogenen internen Kontrollsystems bei einem Dienst-leistungsunternehmen zum Gegenstand. Der Prüfungsumfang und das Prüfungsurteil bezieht sich dabei stichtagsbezogen auf einen Zeitpunkt.	IDW PS 951 n.F.
Berichterstat-tung vom Typ 2	Die Berichterstattung vom Typ 2 hat die Prüfung der Angemessenheit und Wirksamkeit des dienstleistungsbezogenen internen Kontrollsys-tems bei einem Dienstleistungsunternehmen zum Gegenstand. In der Berichterstattung vom Typ 2 im Vergleich zur Berichterstattung vom Typ 1 ist zusätzlich die Prüfung der Wirk-samkeit der Kontrollen für einen Zeitraum als Funktionsprüfung eingeschlossen.	IDW PS 951 n.F.
Business Process Outsourcing	Unternehmensprozesse und administrative Routinetätigkeiten, wie bspw. Lohn- und Gehalts-abrechnungen, werden häufig auf Dienstleis-tungsunternehmen ausgelagert, die sich auf diese Art von standardisierten Geschäftsprozessen spezialisiert haben. Die Dienstleistung umfasst im Allgemeinen neben der Abwicklung der Abrechnungsvorgänge auch die Bereitstellung und den Betrieb des dafür notwendigen IT-Systems	IDW RS FAIT 5
Broad Network Access	Ist ein Merkmal von Cloud-Computing. Die Dienstleistung wird unabhängig von Ort, Zeit und einem beliebigen Endgerät (bspw. PCs, Tablets, Smartphones, etc.) über Standard-Web-technologien zur Verfügung gestellt.	IDW RS FAIT 5
Cloud-Computing	Dienstleistungen, die über Internet- oder andere Breitbandtechnologien auf Ab-ruf zur Verfügung gestellt worden	IDW RS FAIT 5
Dienstleis-tungsbezoge-nes internes Kontrollsystem	Die Regelungen und Verfahren, die von dem Dienstleistungsunternehmen ausge-staltet und aufrechterhalten werden, um für auslagernde Unternehmen die verein-barten Dienstleistungen zu erbringen.	IDW PS 331 n.F.

Begriff	Begriffserklärung	Quelle
Dienstleistungs-unternehmen	Ein Dritter, der für auslagernde Unterneh-men Dienstleistungen erbringt, die Teil des Rechnungslegungssystems – einschließlich der damit verbundenen Geschäftspro-zesse – dieser Unternehmen sind.	IDW PS 331 n.F.
Fehlerrisiko	Setzt sich zusammen aus dem inhä-renten Risiko und Kontrollrisiko	IDW PS 261 n.F.
Inhärentes Risiko	Mit dem inhärenten Risiko wird die Anfälligkeit eines Prüffeldes für das Auftreten von Fehlern bezeichnet, die für sich oder zusammen mit Feh-lern in anderen Prüffeldern wesentlich sind, ohne Berücksichtigung des internen Kontrollsystems	IDW PS 261 n.F.
Kontrollziel	Ziel und Zweck der vom Dienstleistungs-unternehmen definierten Kontrollen, um Risiken zu begegnen, dass die zugrunde gelegten Kriterien nicht erfüllt werden	IDW PS 331 n.F.
Kontrollrisiko	Kontrollrisiken stellen die Gefahr dar, dass Fehler, die in Bezug auf ein Prüffeld ggf. zusammen mit Fehlern aus anderen Prüffeldern wesentlich sind, durch das interne Kontrollsystem des Unternehmens nicht verhindert oder aufgedeckt und korrigiert werden. Bei einem nicht oder nur bedingt wirksamen internen Kontrollsys-tem sind die Kontrollrisiken hoch, wohingegen mit einem wirksamen internen Kontrollsystem niedrige Kontrollrisiken verbunden sind.	IDW PS 261 n.F.
Korrespondie-rende Kontrollen	Bei korrespondierenden Kontrollen handelt es sich um solche Kontrollen des auslagernden Unternehmens, bei denen das Dienstleis-tungsunternehmen bei der Ausgestaltung der Dienstleistung voraussetzt, dass diese bei den auslagernden Unternehmen eingerichtet werden.	IDW PS 951 n.F.
Measured Service	Ist ein Merkmal von Cloud-Computing. Die IT-Ressourcen können einem auslagernden Unternehmen in messbaren Einheiten bereitge-stellt werden. Die messbaren Einheiten richten sich nach der Art der in Anspruch genommenen Dienstleistung, dies können bspw. Festplattenka-pazität in GByte, genutzte Bandbreite GBit/s oder die Anzahl aktiver Nutzerkonten sein. Auf Basis der messbaren Einheiten kann die Nutzung pro Dienstleistung und auslagerndem Unternehmen überwacht, gesteuert und berichtet werden.	IDW RS FAIT 5

Begriff	Begriffserklärung	Quelle
On-Demand self service	Ist ein Merkmal von Cloud-Computing. Die Bereitstellung (sog. Provisionierung) und die Freigabe der Dienstleistung (sog. De-Provisionierung) erfolgt bedarfsorientiert durch das auslagernde Unternehmen automatisiert über definierte technische Schnittstellen und ohne dass es einer persönlichen Interaktion mit dem Dienstleistungsunternehmen bedarf	IDW RS FAIT 5
Prüfer des Dienstleistungs- unternehmens	Ein Wirtschaftsprüfer oder ein vergleichbarer Prüfer, der nach Maßgabe einschlägiger Prüfungsstandards (bspw. IDW PS 951 n.F. oder ISAE 3402) und unter Beachtung der maßgeblichen Berufspflichten auf Aufforderung des Dienstleistungsunternehmens eine Berichterstattung über die Prüfung der Kontrollen des Dienstleistungsunternehmens erstellt.	IDW PS 331 n.F.
Rapid elasticity	Ist ein Merkmal von Cloud-Computing. Die Kapazität der Dienstleistung kann durch das bedarfsorientierte Hinzufügen oder Wegnehmen von IT-Ressourcen jederzeit und schnell erhöht bzw. reduziert werden.	IDW RS FAIT 5
Rechen- zentrums- betrieb	Rechenzentrumsbetreiber bieten die Verarbeitung von Daten über Geschäftsvorfälle bzw. Ereignisse in den Unternehmensprozessen oder sonstigen betrieblichen Aktivitäten an, die z. B. in die IT-Rechnungslegungssysteme des auslagernden Unternehmens einfließen oder als Grundlage für Buchungen im Rechnungslegungssystem in elektronischer Form dem auslagernden Unternehmen zur Verfügung gestellt werden	IDW RS FAIT 5
Resource Pooling	Ist ein Merkmal von Cloud-Computing. Die für die Erbringung der Dienstleistung benötigten IT-Ressourcen (z. B. Information Security, IT-Anwendungen, IT-Infrastrukturen) werden aus einem Pool von IT-Ressourcen allen Nutzern der Dienstleistung dynamisch und virtualisiert zur Verfügung gestellt. Deshalb muss das Dienstleistungsunternehmen in der Lage sein, mehrere Nutzer der Dienstleistung bedarfsorientiert, gleichzeitig und unabhängig voneinander zu bedienen (Multi-Tenancy), insb. was die Trennung der Daten angeht. Der Pool von Ressourcen wird derart zusammengestellt, dass das auslagernde Unternehmen i. d. R. keine Kontrolle bzw. Kenntnis über den exakten Ort der genutzten IT-Ressource hat. Eine geographische Ortung auf höherem Abstraktionslevel, bspw. auf Landesebene oder Rechenzentrumsebene, kann möglicherweise mit dem Dienstleistungsunternehmen vereinbart werden.	IDW RS FAIT 5

Begriff	Begriffserklärung	Quelle
Shared Service Center	Funktionen wie z. B. das Rechnungswesen, die Personalverwaltung, der IT-Betrieb oder Call Center werden häufig in Unternehmensverbünden mit dem Ziel der Kostensenkung und Effizienzsteigerung in einer eigenständigen Unternehmenseinheit oder auch Gesellschaft zentral anderen Konzerngesellschaften zur Verfügung gestellt. Insofern stellen Shared Service Center eine besondere Form des Business Process Outsourcings dar. Dabei handelt es sich aus Sicht des Shared Service Center nutzenden Unternehmens ggf. um eine Auslagerung von Prozessen und Funktionen i.S. dieser IDW Stellungnahme zur Rechnungslegung	IDW RS FAIT 5
Subdienstleistungsunternehmen	Ein Dienstleistungsunternehmen, das von einem anderen Dienstleistungsunternehmen in Anspruch genommen wird, um einige für auslagernde Unternehmen erbrachte Dienstleistungen durchzuführen, die Teil des Rechnungslegungssystems – einschließlich der damit verbundenen Geschäftsprozesse – dieser auslagernden Unternehmen sind.	IDW PS 331 n.F.

6.2   Abkürzungsverzeichnis

Abb.   Abbildung

ADV   Auftragsdatenverarbeitung

BPO   Business Process Outsourcing

COBIT   Control Objectives for Information and Related Technology

CRM   Customer Relationship Management

DIN   Deutsche Industrienorm

EDI   Electronic Data Interchange

GoB   Grundsätze ordnungsmäßiger Buchführung

GoBD   Grundsätze zur ordnungsmäßigen Führung und Aufbe-
              wahrung von Büchern, Aufzeichnungen und Unterlagen in
              elektronischer Form sowie zum Datenzugriff, BMF-Schrei-
              ben vom 14.11.2014 (IV A 4 - S 0316/13/10003)

IaaS   Infrastructure as a Service

IKS   Internes Kontrollsystem

ISO   International Organization for Standardization

ITIL   IT Infrastructure Library

KMU   Kleine und mittlere Unternehmen

NIST   Das National Institute of Standards and Technology

PaaS   Platform as a Service

SaaS   Software as a Service

SLA   Service Level Agreement

VPN   Virtual Private Network

6.3   Abbildungsverzeichnis

6.4   Literatur

American Institute of Certified Public Accountants (2013), FAQs
— New Service Organization Standards and Implementati-
on Guidance, AICPA, http://www.aicpa.org/interestareas/
frc/assuranceadvisoryservices/downloadabledocuments/
faqs_service_orgs.pdf (abgerufen am 17.09.2017)

IDW WPg (2002): Zeitschrift: Die Wirtschaftsprüfung Ausgabe 02/2016

Cloud-Monitor (2017): Studie von KPMG und bitkom, 14.
März 2017, https://www.bitkom.org/Presse/Anhaen-
ge-an-PIs/2017/03-Maerz/Bitkom-KPMG-Charts-PK-Cloud-
Monitor-14032017.pdf (abgerufen am 24.09.2017)

Europäische Union (2016): EU-Verordnung 2016/679 des Europäischen Parlaments und des Rats vom 27. April 2016

Kaiser, Harald (2017): Kapitel M „Prüfung des IKS von Dienstleistungsunternehmen" (S. 585-619) in: Assurance: Vertrauensleistungen außerhalb der Abschlussprüfung,
IDW Verlag, Juli 2017, ISBN: 978-3-8021-2070-1

Klaus Heese (2002): IT-Systemprüfungen im Rahmen einer risiko- und pro-
zessorientierten Prüfungsstrategie, PricewaterhouseCoopers 04/2002

National Institute of Standards and Technology (2011), U.S. Depart-
ment of Commerce, The NIST Definition of Cloud Computing,
Special Publication 800-145, Computer Security Devision, Peter
Mell, Timothy Grance, http://nvlpubs.nist.gov/nistpubs/Legacy/
SP/nistspecialpublication800-145.pdf (abgerufen am 17.09.2017)

Riedel/Campe (2017) in Cloud Computing, IT-Outsourcing
und deren Prüfung in IDW Life 07/2017, S. 800-806

Rupp, Reinhard und Tritschler, Jonas (2016): Anmerkungen zu IDW
RS FAIT 5: Zeitschrift „BBK", Ausgabe 3, 2016, NWB-Verlag

Rupp, Reinhard und Tritschler, Jonas (2016): Anmerkungen zu
IDW RS FAIT 5, Grundsätze ordnungsmäßiger Buchfüh-
rung beim IT-Outsourcing einschließlich Cloud Computing,
BBK Nr. 6 vom 18.03.2016, S. 292-289, NWB-Verlag

Tritschler, Jonas (2017): Ein neuer Standard für die IT-Prüfung: Zeitschrift „WP-Praxis, Ausgabe 9, 2017, NWB-Verlag

Tritschler, Jonas (2017): Kapitel O „Projektbegleitende Prüfungen" (S. 639-660) in: Assurance: Vertrauensleistungen außerhalb der Abschlussprüfung, IDW-Verlag, Juli 2017, ISBN: 978-3-8021-2070-1

6.5   Standards

IDW Verlautbarungen

- IDW EPS 860
- IDW PS 850, Projektbegleitende Prüfung bei Einsatz von Informationstechnologie, Stand: 02.09.2008Quelle: WPg Supplement 4/2008, S. 12 ff., FN-IDW 10/2008, S. 427 ff.
- IDW PS 330, Abschlussprüfung bei Einsatz von Informationstechnologie, Stand: 24.09.2002, Quelle: WPg 21/2002, S. 1167 ff., FN-IDW 11/2002, S. 604 ff.
- IDW PS 331 n.F., Abschlussprüfung bei teilweiser Auslagerung der Rechnungslegung auf Dienstleistungsunternehmen, Stand: 11.09.2015, Quelle: WPg Supplement 4/2015, S. 1 ff., FN-IDW 10/2015, S. 522 ff.
- IDW PS 951 n.F., Die Prüfung des internen Kontrollsystems bei Dienstleistungsunternehmen, Stand: 16.10.2013, Quelle:WPg Supplement 4/2013, S. 1 ff., FN-IDW 11/2013, S. 468 ff.
- IDW RS FAIT 1, Grundsätze ordnungsmäßiger Buchführung bei Einsatz von Informationstechnologie, Stand: 24.09.2002, Quelle: WPg 21/2002, S. 1157 ff., FN-IDW 11/2002, S. 649 ff.
- IDW RS FAIT 2, Grundsätze ordnungsmäßiger Buchführung bei Einsatz von Electronic Commerce, Stand: 29.09.2003, Quelle: WPg 22/2003, S. 1258 ff., FN-IDW 11/2003, S. 559 ff.
- IDW RS FAIT 5, Grundsätze ordnungsmäßiger Buchführung bei Auslagerung von rechnungslegungsrelevanten Prozessen und Funktionen einschließlich Cloud Computing, Stand: 04.11.2015, Quelle: IDW Life 1/2016, S. 35 ff.

BMF Schreiben

- GoBD, Grundsätze zur ordnungsmäßigen Führung und Aufbewahrung von Büchern, Aufzeichnungen und Unterlagen in elektronischer Form sowie zum Datenzugriff (GoBD) vom 14.11.2014

Internationale Standards

- ISAE 3402, Assurance Reports on Controls at a Service Organization, IAASB, Juni 2011
- ISAE 3000 rev., Assurance Engagements Other than Audits or Reviews of Historical Financial Information, IAASB 2017
- SSAE 18, Statement Standards for Attestation Engagements #18, Reporting on Controls at a Service Organization, AICPA 2017

Stichwortverzeichnis